口絵 1　1995 年兵庫県南部地震で淡路島に出現した地震断層
（第 1，3，5 章参照）

口絵 2　2011 年 4 月 11 日に発生した福島県浜通りの地震（M7.0）で出現した地震断層（第 1 章参照）

口絵 3　2016 年熊本地震･県道 28 号の俵山トンネルの被災状況（第 1 章参照）覆工が胴切り状に破壊されてコンクリート片が路上に散乱，側溝部分がトンネルの軸方向に圧縮されてせり上がっている。このトンネルは布田川断層帯の北東側の延長を横断しており，横ずれに伴う変形が損傷の主な原因と推測される。（写真提供：小長井一男）

口絵 4　2016 年熊本地震・阿蘇市内牧付近の農地を通過した地震断層の鉛直変位でビニールハウスが折れ曲がってしまった。（第 1 章参照）

口絵 5　2016 年熊本地震・阿蘇市内牧付近の墓地を通過した地震断層
墓石の乱れは小さく揺れは小さかったと思われる。（第 1 章参照）

口絵 6　2016 年熊本地震（M7.3）で熊本県益城町に出現した
右横ずれの地震断層（第 1 章参照）

（a）活断層トレンチの壁面写真

掘削した直後は見にくかった断層も壁面をきれいに洗浄することによって見えてくる。活断層は新しい未固結の地層を変形させており，生々しい。

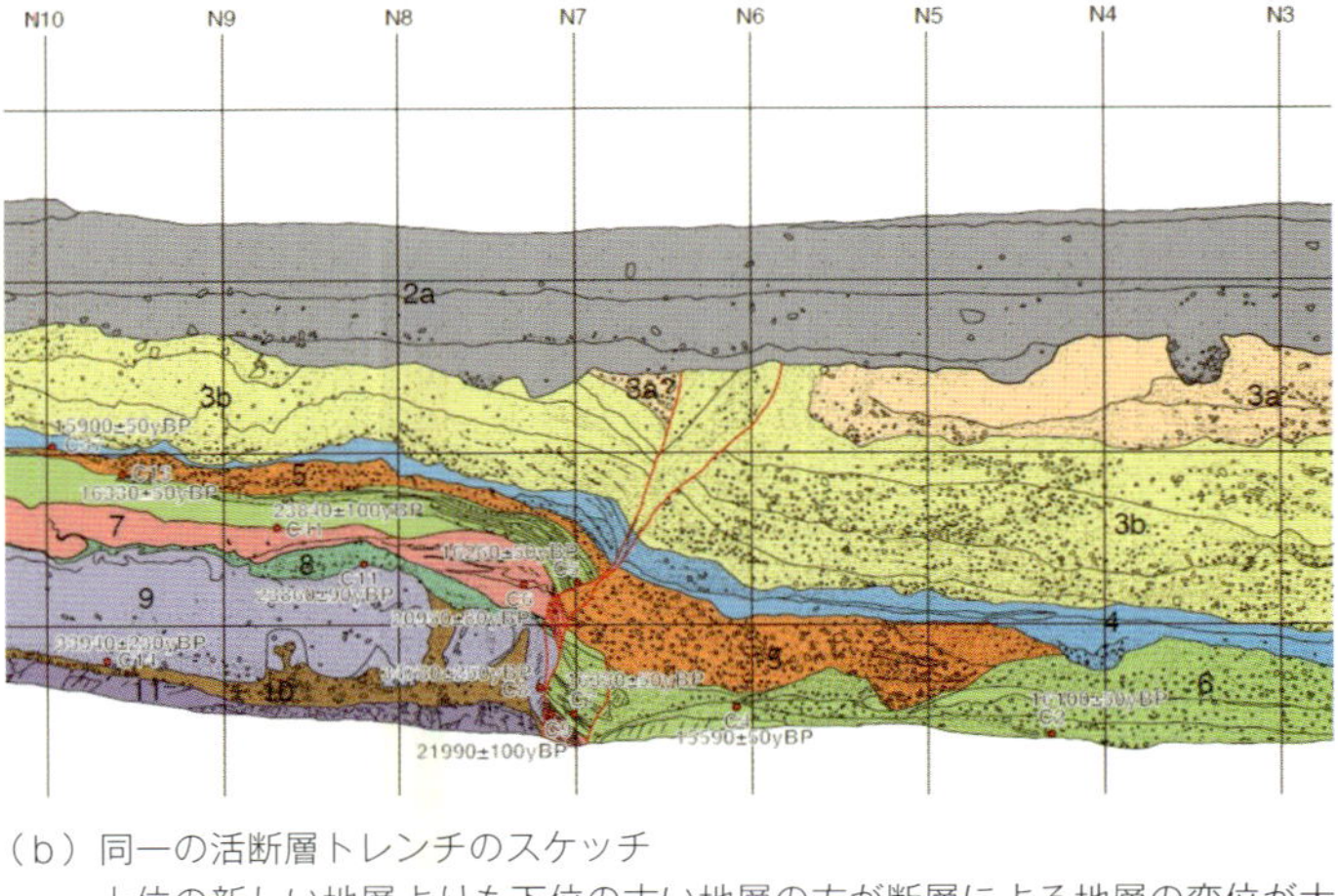

（b）同一の活断層トレンチのスケッチ

上位の新しい地層よりも下位の古い地層の方が断層による地層の変位が大きい。断層が繰り返し動いていて変位が累積していることが分かる。

口絵 7　活断層トレンチ（第 2 章参照）

（出典：吉岡敏和・谷口　薫・細矢卓志「九州北部，小倉東断層におけるトレンチ調査」『活断層研究』第 43 号，2015，pp.61-68）

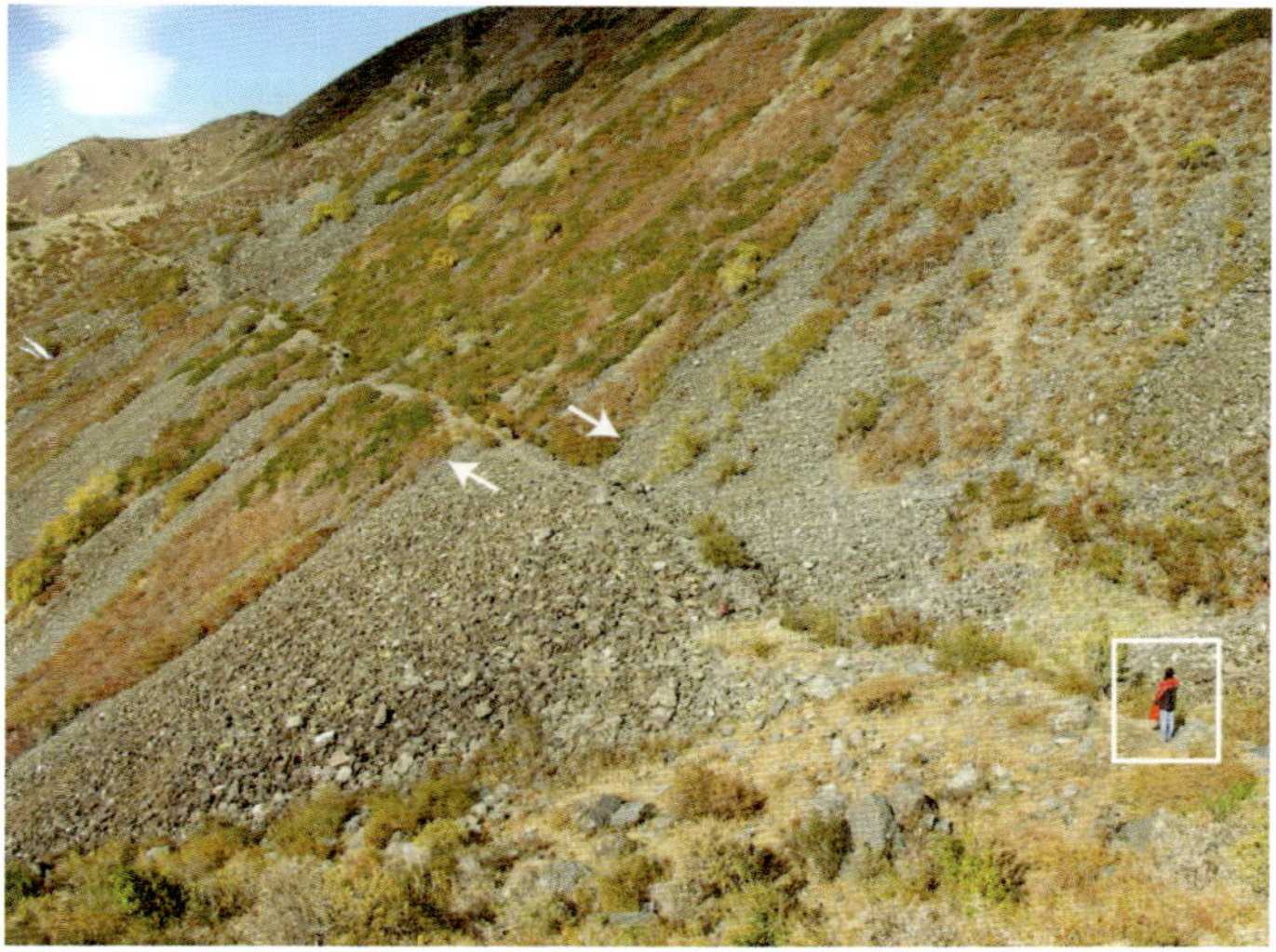

口絵８　1931年フーユン地震（中国）の地表地震断層による世界最大級のずれ：10.5m（第３章参照）

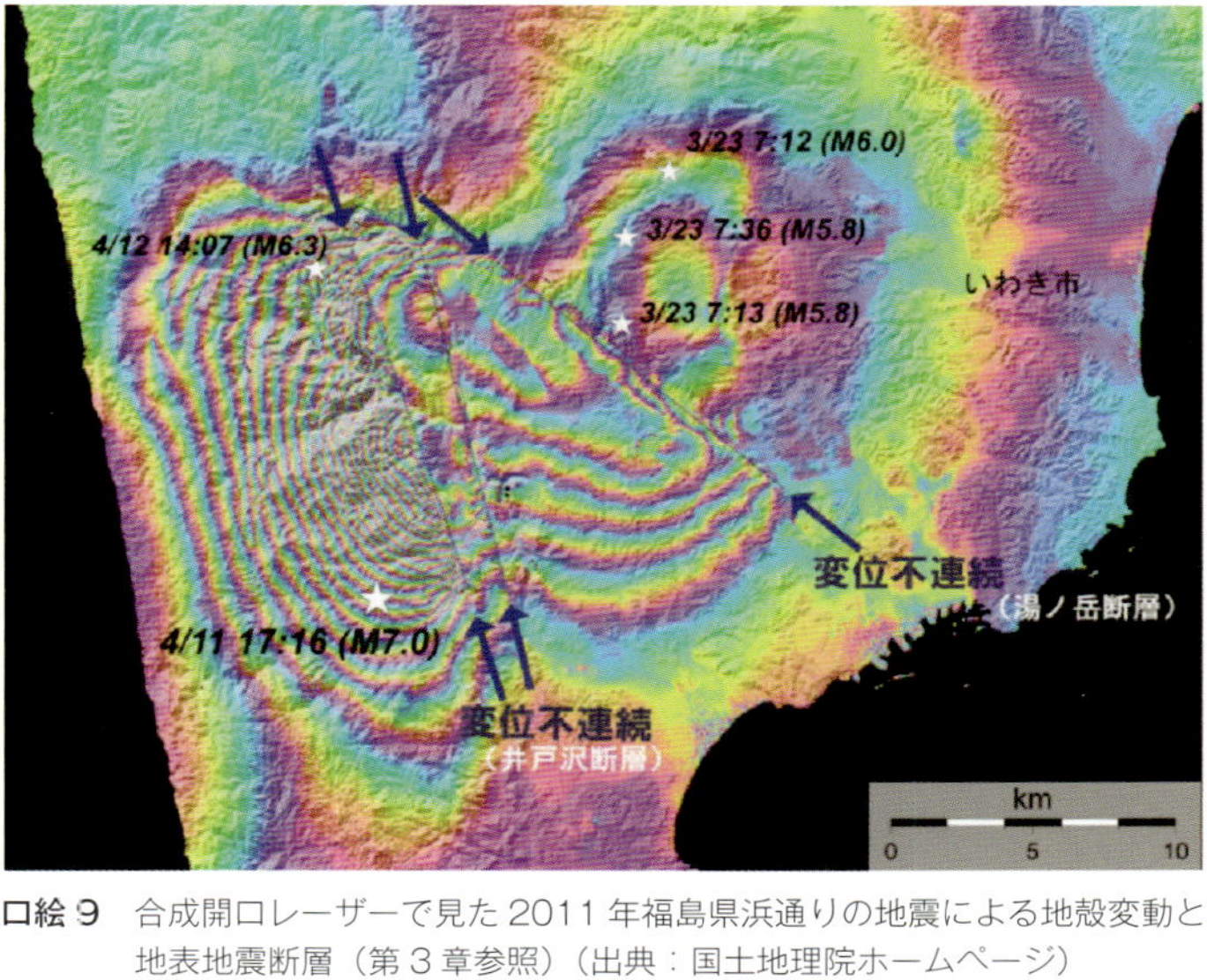

口絵９　合成開口レーザーで見た2011年福島県浜通りの地震による地殻変動と地表地震断層（第３章参照）（出典：国土地理院ホームページ）

口絵 10　1999 年集集地震（台湾）において断層のずれで破壊された石岡ダム（第 4 章参照）

口絵 11　アラスカ横断パイプラインとデナリ断層（第 4，5 章参照）（出典：Fuis G. S. and Wald L. A.: Rupture in South-Central Alaska — The Denali Fault Earthquake of 2002, US Geological Survey Fact Sheet, No. 014-03, 2003.）

(a) 地震発生直後の断層（稲穂の列の乱れから視認できる）

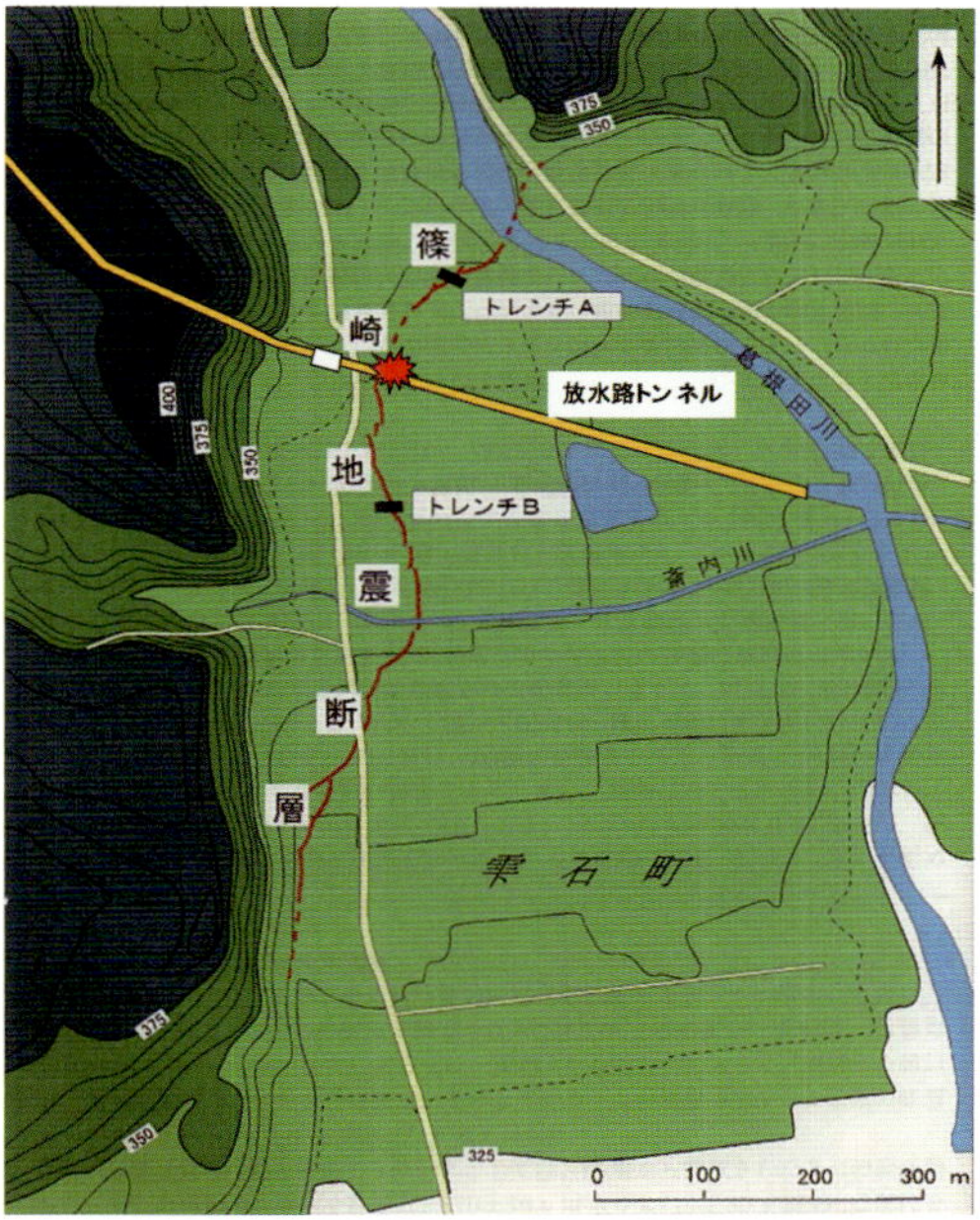

（b）地表に現れた断層の位置

口絵 12　1998 年岩手県内陸北部地震の震源域と地表に現れた断層（第 4 章参照）（出典：吾妻　崇・粟田泰夫・吉岡敏和・伏島祐一郎「1998 年 9 月 3 日岩手県内陸北部地震に伴う地震断層（篠崎地震断層）のトレンチ掘削調査」『平成 10 年度活断層・古地震研究調査概要報告書』工業技術院地質調査所，1999，pp.19-27 にトンネル位置加筆）

(a) トンネル壁面倒壊部から入り込む巨礫

(b) 放水路トンネル被害状況

口絵 13　断層により被害を受けた葛根田第 2 発電所放水路（第 4 章参照）
（写真提供：東北電力）

活断層が分かる本

國生剛治
大塚康範
堀　宗朗　監修

（公社）地盤工学会
（一社）日本応用地質学会
（公社）日本地震工学会　編

技報堂出版

はじめに

「活断層」は一般の方には「活火山」ほどには馴染のない言葉ですが、二〇一六年四月十四日と十六日に起きた熊本地震によって俄かに流行語大賞並みのマスコミ用語になりました。「活断層」とは地震を引き起こす地中深くの断層が地表にまで線状に顔を出した地球表面の傷で、地震発生とは切り離せない密接な関係があります。地震と聞けばまずその揺れの恐ろしさが頭に浮かびますが、陸上で起きる地震の震央付近では揺れとともに断層が地表を引き裂く現象がしばしば現れます。地震の揺れによる被害に比べれば範囲は限られるものの、断層が現れた地面では人間社会の都合や土地利用などお構いなく段差・傾斜・ずれによって施設・建物・埋設物に抗し難い変形が現れます。地震の揺れや洪水・暴風などに比べて被害にはめったに会わないものの、これが原子力発電所・ダム・鉄道のような重要施設の安全に関わってくるとなると大きな議論を呼び起こすことになります。このような地面の傷は、時間間隔は数百年~数万年と離れていても、ほぼ同じ位置で繰り返し活動してきたことも知られています。つまり、地面の様子を過去に遡って詳しく調べ、かつて地震を起こしたであろう活断層の位置を決定できれば、あらかじめ対応策を考えることもできます。

活断層の議論は大きくハザード（活断層の認定と活動性）とリスク（活断層の活動が社会に及ぼす

危険性）の二種類に分けられますが、専門分野から見ると前者は主に理学が、後者は主に工学が扱っています。皆様ご存知のように、理学は自然科学の視点から現象の解明と真理の追究を目指す学問であるのに対し、工学は科学の応用と技術の開発による社会貢献を目指す学問です。このような学問の基本的スタンスの違いからか、活断層の安全性についての議論がなかなか噛み合わない場面がよく見られます。理学の立場からはハザードを徹底的に明らかにすることが基本であり、それが不十分な段階でリスクの評価はできないとの意見が聞かれます。一方、工学の見方ではハザードの正確な評価は重要ながらも、社会に役立つ技術の有用性とのバランスを認識してリスクを判断するべきとなります。このように専門家の間にも、活断層の認定、活動性の評価、対処の方法等について多様な意見が存在し、社会的にも必ずしも共通認識が確立されていない現状があります。

本書は、二〇一六年熊本地震のように陸地で起きる大きな地震には付きものの活断層について基本的理解を深め、社会の安心・安全との関わりについて考えていただくための一般読者を対象とした本です。ともすると議論のすれ違いになりがちなこの問題について、理学・工学の両面から光を当て、活断層問題の本質を一般読者に正しく理解していただくことを目指しています。そのため関連三学会（公社）地盤工学会、（一社）日本応用地質学会、（公社）日本地震工学会）が協力して一つの委員会を設立し、気鋭の専門家を執筆者に選び、第1章～第5章では活断層のハザード・リスクの両面について背景・基礎知識・問題点などを平易に解説しています。また、第6章では議論が先鋭化しがちな原子力発電所に関わる活断層問題に焦点を絞り、サイエンスライターが理学・工学各方面の専門家六人へ共通の設問によるインタビューを行い、意見の相違点と一致点を浮き彫りにしています。さらに各章のつなぎには、肩ほぐしを兼ねて断層にまつわる一口話をコラムにまとめています。このような工夫を加えた本書によって、自然災害の中では比較的認知度の低かった活断層問題への認識が高まり、我が国の自然災害に対する対応能力がさらに高まっていくことを念じています。

二〇一六年八月

國生剛治

■断層問題に関する理工学合同委員会

國生　剛治　中央大学名誉教授、（公社）地盤工学会
大塚　康範　応用地質（株）顧問、（一社）日本応用地質学会
堀　宗朗　東京大学地震研究所教授、（公社）日本地震工学会
末岡　徹　（株）地圏環境テクノロジー顧問・技師長
谷　和夫　東京海洋大学教授
藤井　幸泰　（公財）深田地質研究所主任研究員

■執筆者一覧　＊〔　〕は担当箇所

遠田　晋次　東北大学災害科学国際研究所教授　地震地質学〔第1章〕
緒方　信一　中央開発（株）ソリューションセンター地質部長　応用地質学〔第2章〕
粟田　泰夫　産業技術総合研究所活断層・火山研究部門上級主任研究員　地震地質学〔第3章〕
小長井一男　横浜国立大学 都市イノベーション研究院教授　地震工学〔第4章〕
谷　和夫　東京海洋大学学術研究院教授　岩盤工学〔第5章〕
向山　栄　国際航業（株）担当部長　応用地形学〔コラム〕
添田　孝史　サイエンスライター　主な著書『原発と大津波―警告を葬った人々』岩波新書、二〇一四年〔第6章のインタビュー〕

・目次・

第 1 章

地震と活断層

1　内陸地殻内地震（直下型地震）

●地震と断層

地震とは、数十年～数万年という長期間にわたって地殻内に蓄えられた歪みが、断層という弱い部分から一気に解放される現象です。

断層を挟んで両側にそれぞれ異なる向きの力が加わると、断層周辺の岩盤が徐々に歪みます。岩盤とはいえ、ゴムのような弾性的な性質を示します。その歪みが断層の強度に打ち勝った瞬間に岩盤が断層面を境に一気にずれ動き、溜めていた歪みが地震動として放出されます。

残念ながら地下の断層運動を直接観察することは不可能です。そのため、地震動（揺れ）の情報を使って、断層の動きを推定します。まずは地震規模であるマグニチュード（M）を求めます。Mは、震源からある一定距離で計測された地震波の最大振幅を用いて決めます。当然、地震規模が大きいと最大振幅も大きくなるため、Mは大きくなります。通常日本で用いられるのは気象庁マグニチュードで、周期五秒以下の地震動記録を用いて算出されます。

Mが1大きくなると、エネルギーは三十二倍大きくなります。Mが2大きくなると約千倍です。兵庫県南部地震（M7.3）の震源断層は、長さ約五十キロメートル、幅約二十キロメートル、平均のずれ約二メートルでした。一方で、東北地方太平洋沖地震（M9.0）は長さ約五〇〇キロメートル、幅約二〇〇キロメートル、平均のずれ約二十メートルでした。東北地方太平洋沖地震はすべてが兵庫県南部地震の約十倍なので、10×10×10で約千倍のエネルギー放出量となります。

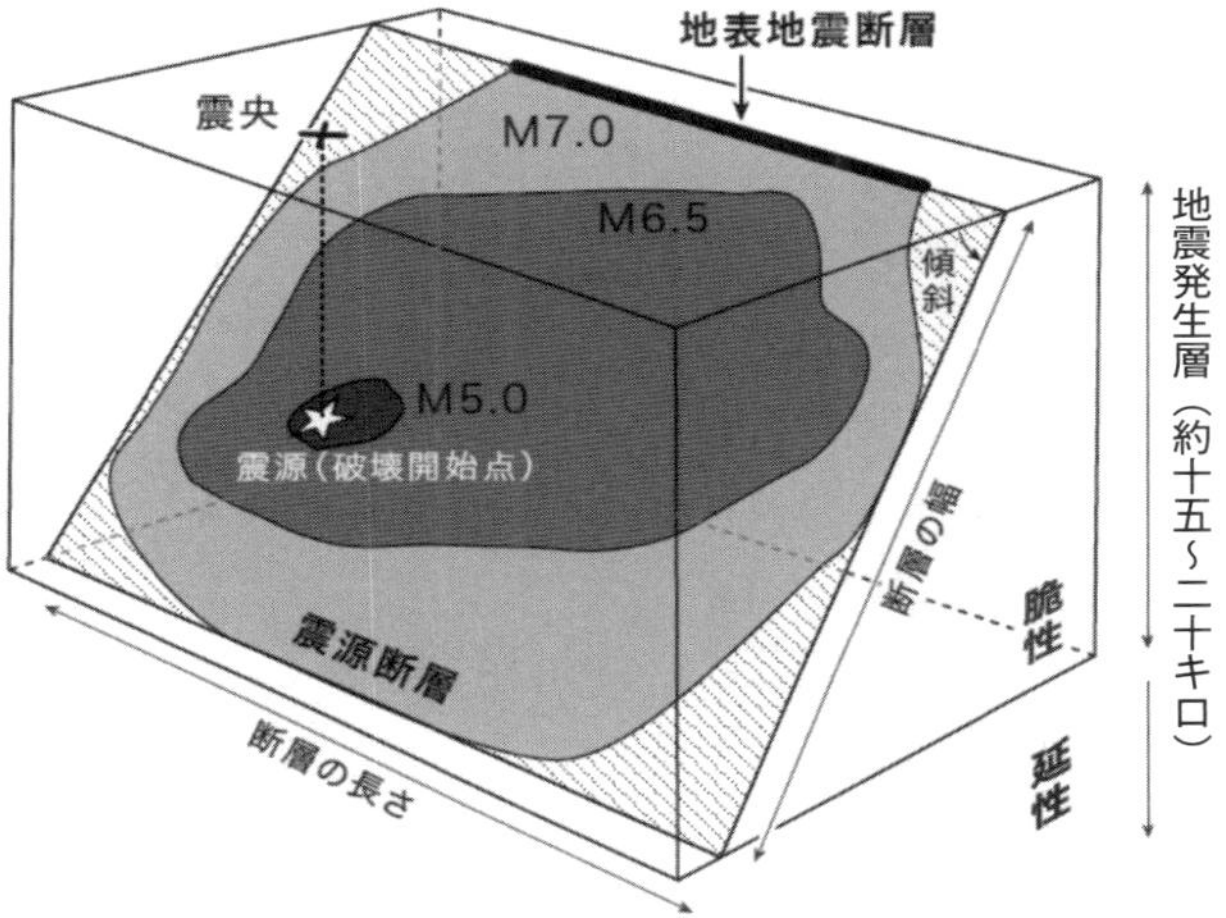

図１　震源断層と地表地震断層との関係

このような数キロメートル～数百キロメートルに及ぶ断層では、全体が一度に動く（ずれる）わけではありません。最初に変位（ずれ）が生じる部分を震源といいます（**図１**）。その後、震源から二キロメートル／秒前後の速さでずれ（破壊）が断層沿いに伝わっていきます。東北地方太平洋沖地震では断層の長さが五〇〇キロメートルもあるので、断層末端にずれが及ぶまで約三分もかかりました。兵庫県南部地震ではわずか十秒程度です。ずれ動いた断層全体を震源断層といいます。

●断層のタイプ

地震波の解析によって分かるのは、断層の大きさやずれの量だけではありません。震源断層の向き（走向）や傾斜、ずれの向きも推定できます。地震波は観測点に最初に到着するＰ波（縦波）と後続のＳ波（横波）に分かれますが、

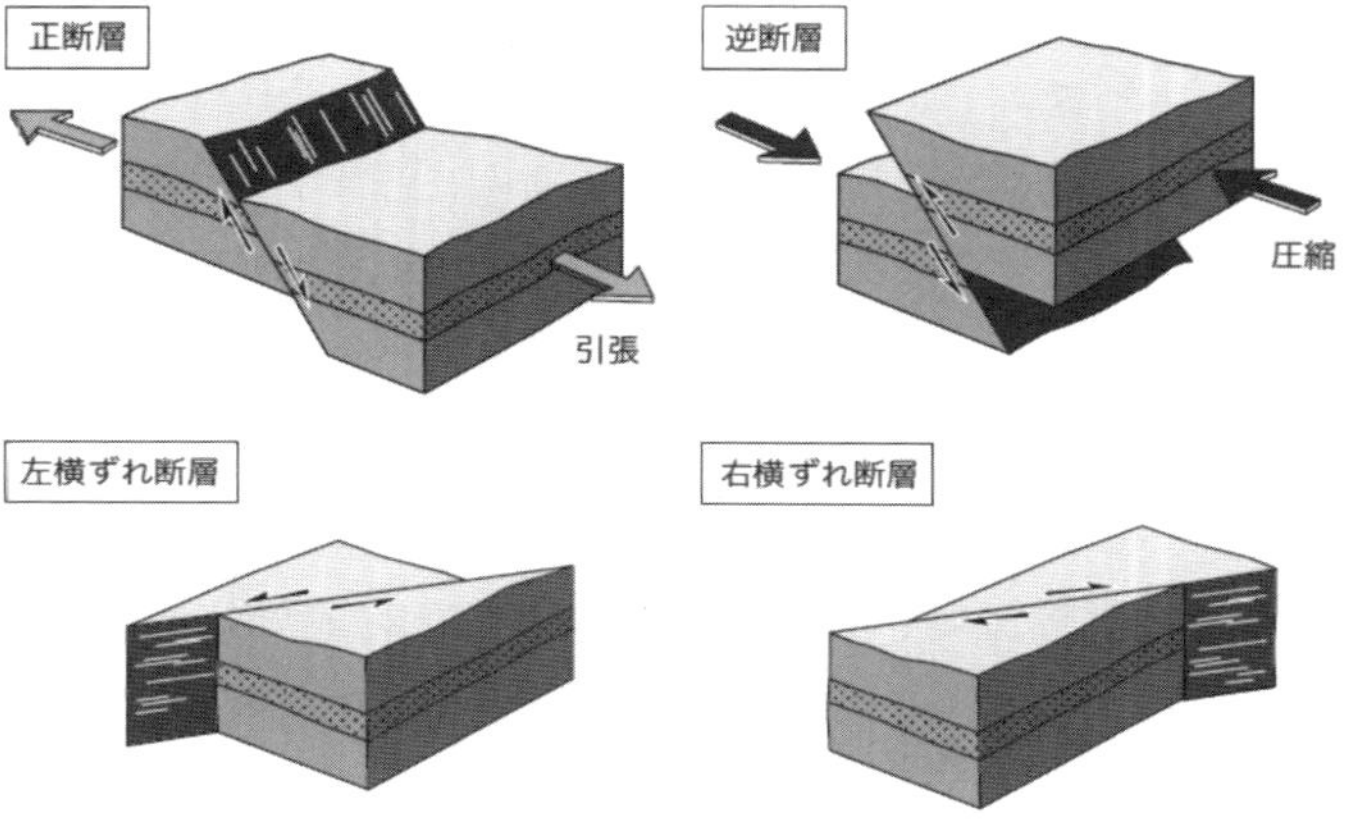

図２　断層のタイプ

Ｐ波の最初の動き（初動）に震源での断層の動きが反映されています。Ｐ波の初動を多数の観測点で調べることによって、震源での運動が推定できるのです。さらに、余震や地表での断層の分布、地殻変動などでも震源断層が推定されます。

そのように解明された震源断層は、断層にかかる力（応力）とそれに対応するずれの向きによって、正断層、逆断層、横ずれ断層の大きく三つに分類されます（**図２**）。

正断層、逆断層は岩盤のずれ動く方向はともに上下ですが、正断層は地殻が水平方向に引っ張られる場合（引張場）、逆断層は圧縮される場合（圧縮場）に生じます。したがって、岩盤の水平移動に着目すると、正断層では断層を挟んで地面が引き伸ばされ、逆断層では短縮されます。横ずれ断層は、断層面を境に岩盤が水平方向にずれ動きます。断層を挟んで向かい側の岩盤が左側に移動する場合を「左横ずれ断層」、逆に右側に移動する場合を「右横ずれ断層」といいます。

●日本列島の地震発生場

地震を引き起こすには地殻に弾性的な歪みが蓄積されなければなりません。その原動力がプレート運動です。

プレートテクトニクス理論によると、地球の表面はジグソーパズルのように十数枚の十～百キロメートル厚のプレート（地殻と最上部マントルからなる岩石圏）によって覆われており、それらの相対運動によって物質の移動や衝突、摩擦が生じ、地震や火山活動が起こります。長期的には、山脈や海溝・海嶺などの大地形が形成されるというものです。このプレート間の相対運動は、双方の移動ベクトルの違いによって、収束・発散・横ずれ型の三タイプに分けられます。

日本列島は収束型のプレート境界です。ユーラシアプレートの縁辺部にあり、南からフィリピン海プレート、東から太平洋プレートが沈み込んでいます。全地球スケールの地図では、日本列島そのものが一つのプレート境界周辺の地震帯に含まれます。

日本列島とその周辺部では、これらの三つのプレートの相対運動によってプレート境界地震が発生します（**図３**）。千島海溝沿い、日本海溝の三陸沖から房総沖で発生する巨大地震は太平洋プレートと陸側のプレートの境界で発生します。また、相模トラフ、南海トラフ、日向灘ではフィリピン海プレートの沈み込みに伴うプレート間地震が発生します。一九二三年大正関東地震（Ｍ7.9）、一九四四年東南海地震（Ｍ7.9）、一九四六年南海地震（Ｍ8.0）などがその例です。

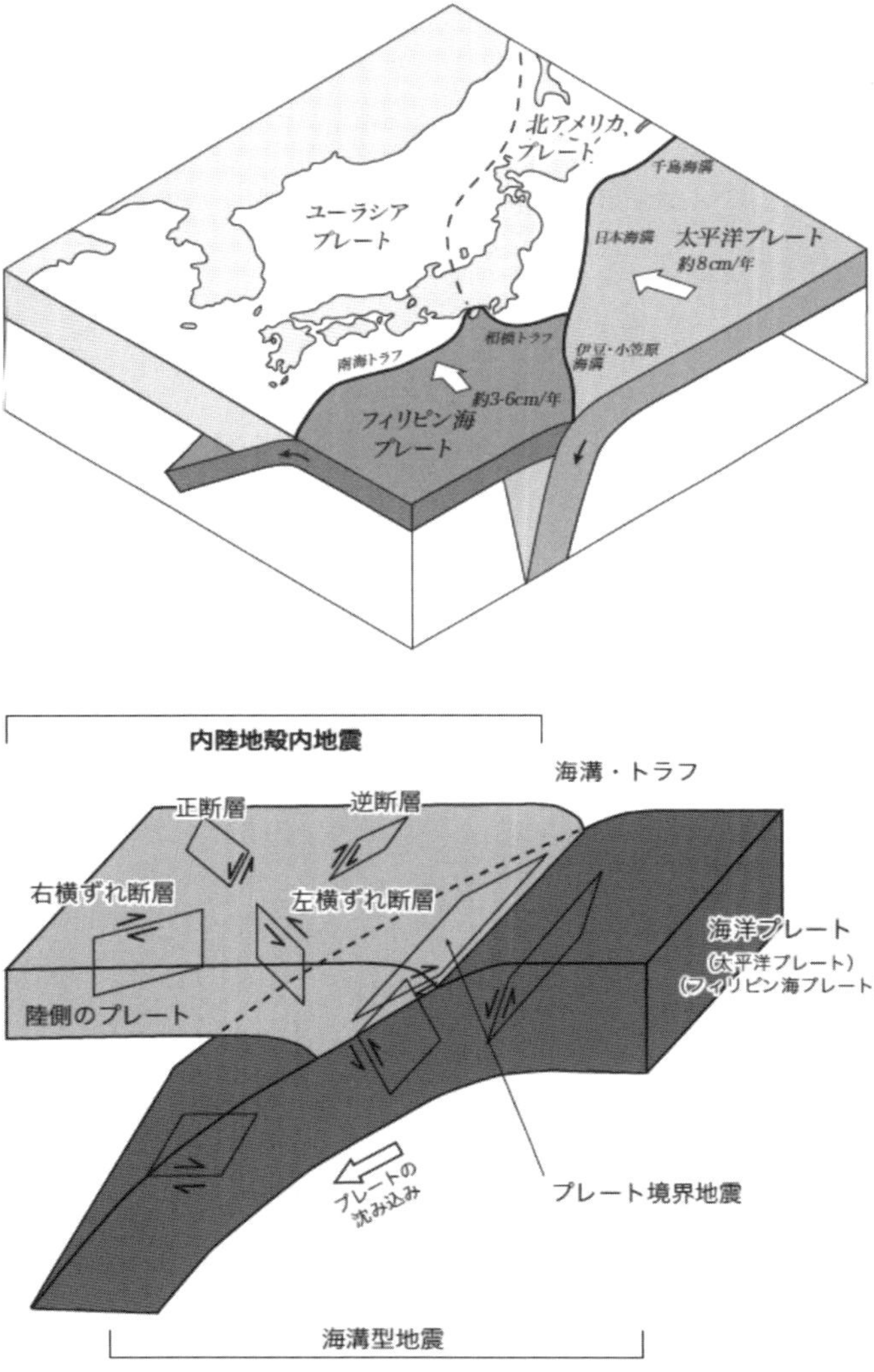

図３　日本列島を取り巻くプレートと生じる地震のタイプ

●内陸地殻内地震

一方、いわゆる「直下型地震」は陸域で発生し、震源が浅いため震度7の激震域を伴うことが多く、局地的に甚大な被害をもたらします。正確には、内陸地殻内地震といいます（図3）。

内陸地震は震源の深さがそろって二十キロメートルよりも浅いことが特徴です。この深さ二十キロメートルまでを地震発生層と呼び、地殻を構成する岩石が脆性的に破壊される範囲に相当します。地下に広く分布する花崗岩に含まれる石英は三〇〇度、斜長石は約四五〇度を超えると、水飴のようにゆっくり流れはじめます（これを延性という）。この三〇〇度から四五〇度は深さ十〜十五キロメートルで到達します。二十キロメートル以上の深さでは完全に延性変形し、地震が発生しなくなるわけです。一方で、日本列島の幅は三〇〇キロメートルにも及びます。地震発生層、すなわち地殻は不安定な薄いガラス板のようなものなのです。

2　地表地震断層

●地震断層出現の仕組みと頻度

この地震発生層の下部、すなわち深さ十〜十五キロメートルあたりでは岩盤の強度が最大になり、弾性的な歪みを最も溜めています。そのような場所でひとたび大きな断層運動（ずれ）が発生すると、その動きは浅部まで伝わりやすくなります。

ここで、深さ十五キロメートルでM5.0の地震が発生したと仮定しましょう。M5.0の断層の長さはせいぜい二キロメートル程度です。そのため、地表でその断層の動きを直接見ることはできません。次に、M7.0の地震が深さ十五キロメートルで起こったと仮定しましょう。M7.0の地震の震源断層の長さは二十キロメートルにもなります。地震発生層の厚さ以上になり、震源断層とそのずれが地表に顔を出すことになります。これを地表地震断層といいます（以下、地震断層）。

図4には、一九二三年以降二〇一六年五月までに陸域で発生したM6.5以上のすべての地震をプロットしました。三十五個の内陸地震のうち、十五個で地震断層が観察されています。したがって、M6.5以上で約四十パーセントとなり、M7.0以上では地震数十二に対して地震断層出現例は九なので、約八十パーセントとなります。ちなみに、M7.0以上の地震は年間に〇・一個発生するので、おおよそ十年に一度です。ですから、日本で地震断層が出現する頻度は十年弱に一度くらいということになります。

ひとことに地震断層といっても、必ずしも断層面そのものが出現するわけではありません。岩盤が直接露出しているなど条件が良いと、断層面そのものが出現し、条線（断層のずれ方向のひっかき傷）なども観察される場合もありますが、多くは数十センチメートル～数メートルの比高の崖として出現します。崖の比高そのものが上下の食い違い（ずれ量）となります。横ずれ断層の場合は、地震断層を横切る人工物や沢などの横ずれも確認できます。また、横ずれ変位主体の断層であっても、地表での断層分布や堆積層の厚さなどによって、局所的な地面の隆起や沈降などが見られることがあります。

一方で、ずれの程度と軟弱な堆積物の厚さによっては、断層が明瞭に地表を切らず、傾きや撓み（撓

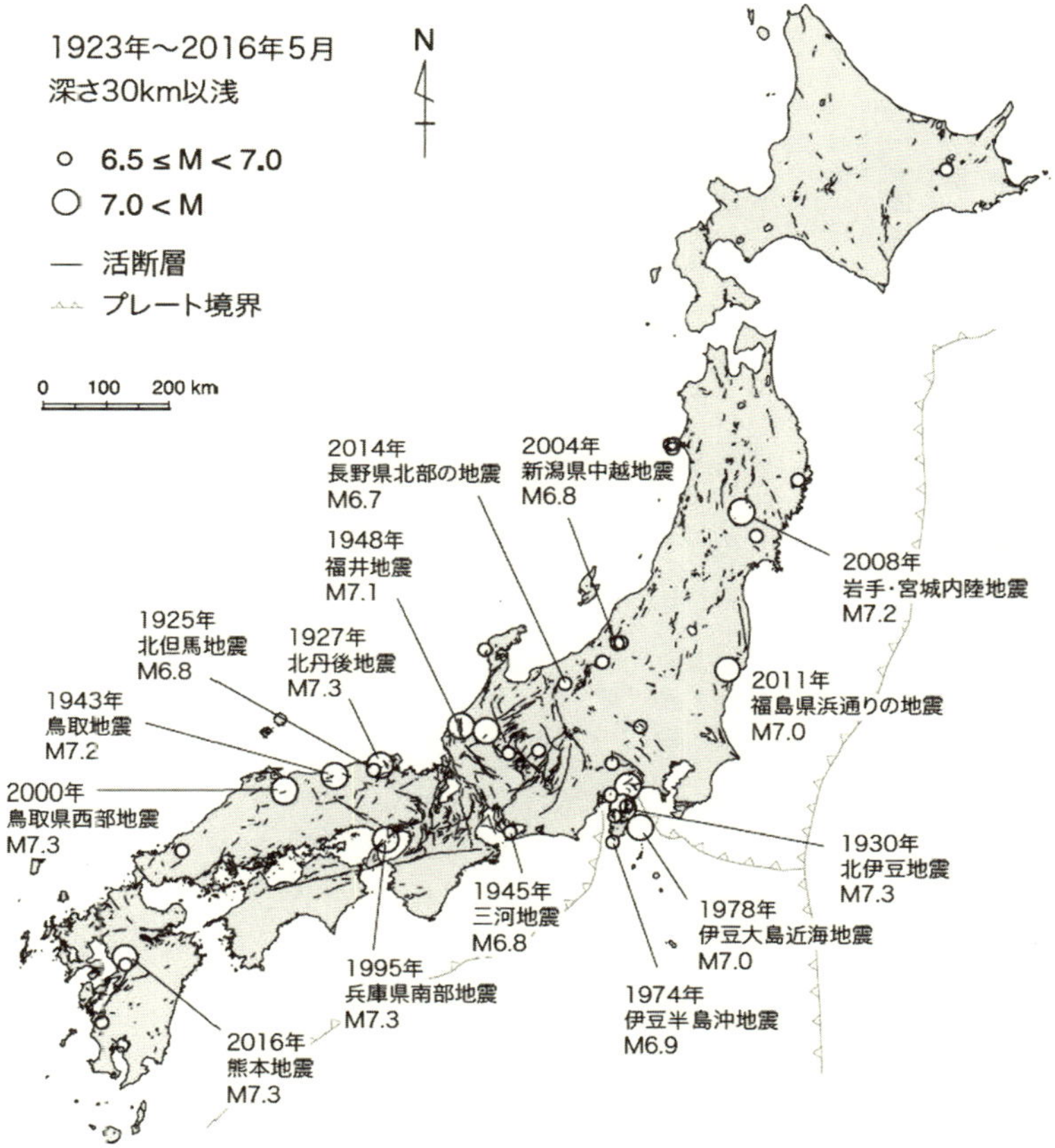

図 4　M 6.5 以上の内陸地震と活断層
地震名を記したものは地震断層が出現した地震

曲）として現れることもあります。以下に、最近の地震断層の例を簡単に紹介します。

●一九九五年兵庫県南部地震

一九九五年一月十七日午前五時四十六分に発生した明石海峡直下を震源とするＭ7.3の地震は、淡路島北部から神戸市、西宮市、宝塚市に甚大な被害をもたらしました（死者六四三四名、被害総額約十兆円）。特に、震度7の激震が神戸市内の人口密集域を襲い、「震災の帯」という被害集中域が生じました。

この地震では、淡路島の北淡町から一宮町（当時の町名）にかけて、野島断層という活断層沿いに約十一キロメートルにわたって地震断層が出現しました（**口絵1**）。地震断層は右横ずれ主体ですが、南東側が隆起する縦ずれも伴いました（最大右横ずれ量二・五メートル、縦ずれ量一・二メートル）。北淡町小倉では地震断層の真横にあった住宅でフェンスが横ずれしましたが、地震動による損壊はありませんでした。地震断層上で必ずしも地震動が最大になるわけではなく、基礎の地盤条件が重要であることを象徴しています。この住宅は野島断層保存館の一部（メモリアルハウス）として現在も見学可能です。

●二〇一一年福島県浜通りの地震

二〇一一年四月十一日に発生した、いわき市直下を震源とするＭ7.0の内陸地震です。同年三月十一日に発生した東北地方太平洋沖地震（Ｍ9.0）の誘発地震の一つです。この地震に伴って、湯ノ岳断層と井戸沢断層の一部に沿って、それぞれ長さ約十五キロメートルの正断層型の地震断層が出現しました。湯ノ岳断層で最大約九十センチメートル、井戸沢断層で最大約二一〇センチメートルの上下変位が観察されました。断層変位によって、県道の一時通行止めや住宅被害（**口絵２**）も生じました。

●二〇一四年長野県北部の地震（神城断層地震）

二〇一四年十一月二十二日午後十時八分頃、長野県北部白馬村を震源とした長野県北部の地震（M6.7）が発生しました。この地震に伴って、糸魚川－静岡構造線活断層系の神城断層沿いに地震断層が出現しました。

地震断層は、白馬村役場北東の姫川左岸から同村南端の東佐野地区にかけて南北に約九キロメートルにわたって出現しました。山地側が隆起するような東上がりの縦ずれでした（最大の上下変位量は約八十センチメートル）。また、地盤が圧縮されて動いた逆断層であることを示唆するように、道路や水田側溝の三十～五十センチメートルほどの短縮（座屈）も観察されました。

●二〇一六年熊本地震

二〇一六年四月十六日午前一時二十五分頃、熊本県益城町付近を震源とした熊本地震（M7.3）が発生しました（**口絵３～６**）。南北引張場で発生した横ずれ断層型の地震で、主要活断層帯の一つである布田川断層帯と日奈久断層帯北端部が活動し、長さ約三十キロの地震断層が出現しました。地震断層は阿蘇カルデラ内部でも認められました。布田川断層帯では最大約二メートルの右横ずれ、日奈久断層帯では最大〇・六メートルの右横ずれ変位が観察されました（**口絵6**）。さらに、布田川断層帯に並走する形で約五キロメートル以上にわたって最大二メートル弱北落ちの正断層も出現しました。中部九州が南北に引っ張られていることを象徴する断層です。

●地震断層の長さ、ずれ量とマグニチュード

地震断層調査の目的の一つは、地下に続く震源断層の規模や走向・傾斜などを直接確かめることです。余震や地殻変動の観測精度が悪い時代には、震源断層を推定する重要な手がかりでした。

もう一つは、活断層から発生する地震規模の推定に資するためです。2〜3頁に説明したように、地震の規模Mは震源断層の大きさとずれの量に比例します。地震断層は、その震源断層が地表に露出したものなので、少なくとも断層の長さ、ずれ量を直接計測することができます。一九七〇年代に、当時のデータセットを使って関係性が確かめられ、日本の地震断層の長さL（キロメートル）とM、最大のずれ量D（メートル）とMにそれぞれ次の関係があることが分かりました。

$$\log L = 0.6M - 2.9$$

$$\log D = 0.6M - 4.0$$

M7.0で断層の長さが二十キロメートル、M8.0で八十キロメートルとなります。また、地震断層のずれ量については、M7.0で一・六メートル、M8.0で六・三メートルとなります。

3　活断層とは

●断層変位地形と空中写真判読

上記で紹介した地震断層は一回の地震によって生じたものです。この地震断層の動きが数万年～数十万年間に何度も繰り返されると、ずれが蓄積して、数メートル～数百メートルもの比高をもつ崖や谷地形を作ります。このような断層運動によって生じたさまざまな地形を断層変位地形と呼びます（**図5**）。

断層変位地形を抽出することで将来活動する断層を見いだします。河川などの侵食・堆積作用では説明ができない地形に着目します。

断層変位地形の典型は崖地形です。地表面が断層によって切断され、上下に食い違いを生じた崖を断層崖と呼び、地表面の撓みによる崖を撓曲崖といいます。その他、断層谷、断層凹地、断層池、地溝など、断層に沿って特徴的な窪みも生じます。断層が尾根を横切る場合、馬の鞍のような地形が生じることがあります。これを断層鞍部といい、横ずれ断層の場合、この鞍部を境に尾根が食い違っている場合も見られます。断層運動によって逆に地塁やバルジ、プレッシャーリッジ（圧縮尾根）など、凸状の地形も生じます。

横ずれ断層の場合は、断層を横切る河川、沢、尾根、段丘などがオフセット（ずれ）もしくは屈曲します。重要な点は、このような個々の横ずれ地形が、一か所だけではなく連続して認められることです。これによって、活断層であるという確度が高まります。

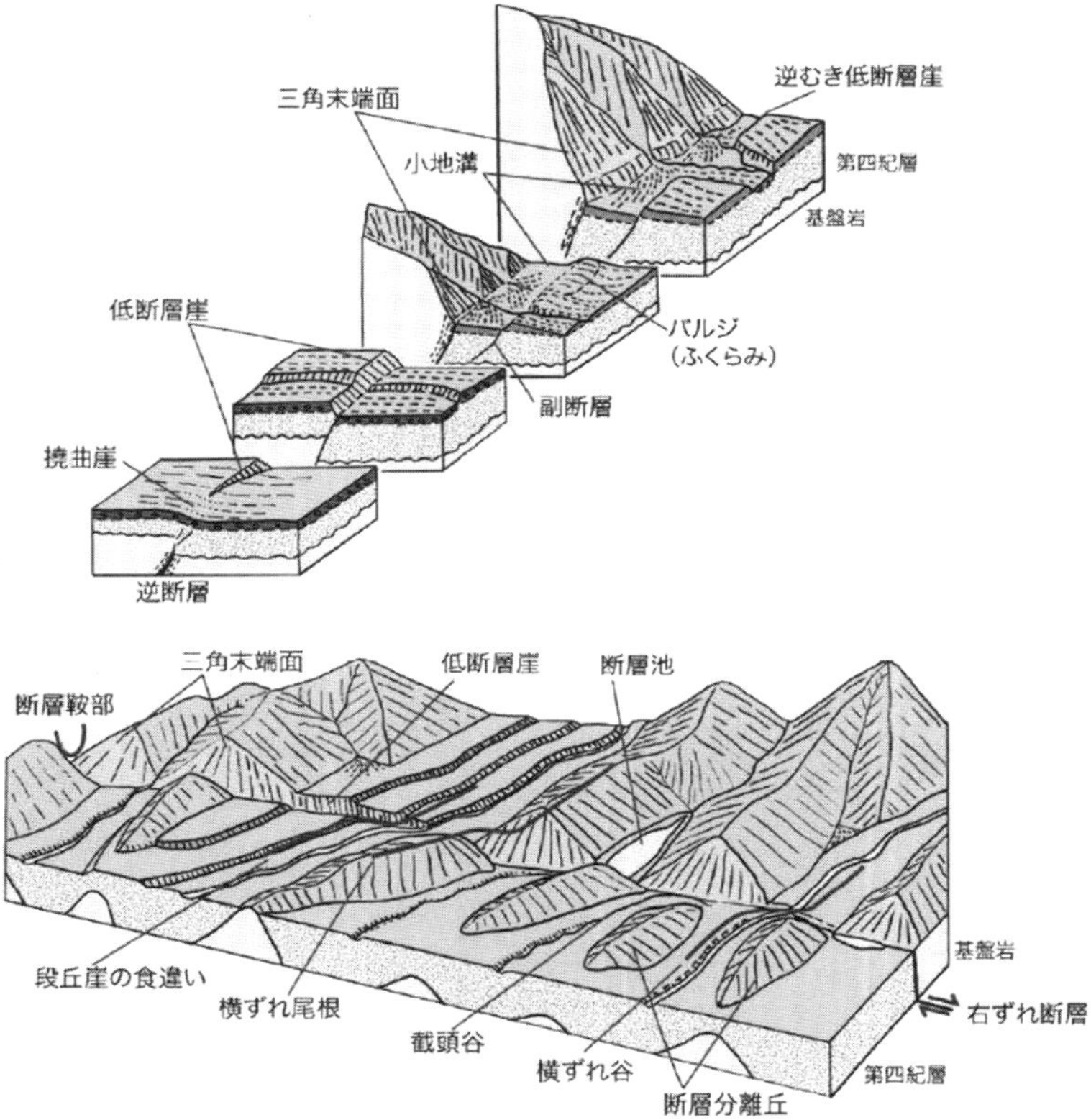

図５　断層変位地形（出典：活断層研究会『新編日本の活断層―分布図と資料―』東京大学出版会，1991，437pp に加筆）

●活断層の定義

このようにして、日本列島で推定・確認された活断層は二千以上に及びます（図４）。では、そもそも活断層とはどのように定義されるものなのでしょうか。

『新編日本の活断層』によると、「最近の地質時代にくりかえし活動し、将来も活動することが推定される断層」とされています。この「最近の地質時代」について、同文献では、地質年代の区切りである第四紀、つまり約一八〇万年前（最近、第四紀は約二六〇万年前から現在の期間に改められた）から現在までとしています。一方で、原子力発電所立地に関わる基準では、耐震設計上考慮する活断層の定義は過去十二～十三万年間に活動したことが否定できないものとされています。十万年以上の間隔で繰り返し活動してきた断層は見出されていないことや、海岸段丘などの地形指標が分かりやすいこと、火山灰を使って時代が特定しやすいことなどが十二～十三万年間の根拠となっています。

●活断層研究の歴史

そもそも地震が断層運動によるものであるという断層地震説は、一八九一年の濃尾地震時に地球科学者の小藤文次郎により提唱されました。しかし、具体的に活断層が繰り返し活動して大地震を起こしてきたという事実確認には四十年程度かかりました。一九三〇年の北伊豆地震を起こした丹那断層で、第四紀にずれが繰り返されて累積し現在までに約一〇〇〇メートルも横ずれしていることが明らかにされています。

その後、一九六〇年代～七〇年代は、日本の地震予知計画と原子力発電所の建設・稼働とともに社会的重要性も高まり、一九七五年に「活断層研究会」の発足、一九八〇年の『日本の活断層─分布図と資料』の出版に至りました。これを学問的に後押ししたのが、空中写真の利用と炭素同位体の年代測定法（^{14}C法）の普及でした。活断層が次々に発見される時代でした。また、この頃、地震防災上の要請もあり、活断層から発生する地震規模の推定が行われるようになりました。

一九八〇年代～九〇年代前半は米国からトレンチ調査技術（35～38頁）が取り入れられ、各地で掘削調査が行われました。大学や地質調査所、電力中央研究所などによって、一九九四年までに約四十断層五十地点以上でトレンチ調査が行われ、活断層の具体的な活動史が明らかになりました。一九八〇年代には、近い将来大地震を起こす要注意断層の抽出や地震危険度図などが試作されました。

兵庫県南部地震は、まさに要注意断層の一つが引き起こした地震でした。これにより、活断層研究の重要性が証明され、社会的にも活断層という地学用語が広く普及することになりました。この地震をきっかけに内閣府内（現在は文部科学省）に地震調査研究推進本部が設置され、主要一〇〇活断層を中心に精力的な調査がスタートしました。その後、現在までの二十一年間に数百か所以上でトレンチ掘削調査が行われています。

●日本列島の活断層の分布

日本列島の活断層は、大局的にプレート境界から一定の距離を隔てて内陸側に集中的に分布する傾向があります（図４）。特に、西南日本では中央構造線よりも海側には活断層はほとんど分布しません。

現在を含め第四紀と言われる約二六〇万年前以降は、東から西に向かって沈み込む太平洋プレートの影響を受け、列島は東西に圧縮されてきました。そのため、その圧縮力を解消するために最適な断層が選択的に活動しています。東北地方では、日本海溝と平行な南北に延びる逆断層、中部日本では北東－南西走向の右横ずれ断層と北西－南東走向の左横ずれ断層、近畿地方とその周辺では横ずれ断層と逆断層が混在します。

一方、フィリピン海プレートの上に乗る伊豆半島は本州に衝突して南から本州を突き上げています。そのため、南北に圧縮され、北西－南東走向の右横ずれ断層と南北走向の左横ずれ断層が多く発達します。

九州は列島内でも特殊な環境下にあり、別府から島原にかけて南北に引っ張られていて、火山地帯に沿って東西走向の多くの正断層が発達しています。また、北部～中部九州には横ずれ断層も分布します。

活断層のなかには、第四紀になって新たに生じた断層もありますが、大規模で顕著な活断層は、第四紀より前に誕生した断層が再活動したものです。この再活動で興味深いのが、断層が逆に動くという現象です。東北地方では、第三紀中新世という地質時代に日本海が形成・拡大し、それに伴って地殻が引っ張られ、多くの正断層が形成されました。その正断層が、第四紀になって東西から圧縮されるようになると、その圧縮力を解消するように逆断層として動いています。二〇〇四年新潟県中越地震、二〇〇七年能登半島地震、二〇〇七年新潟県中越沖地震などはそのような断層による地震でした。

●平均変位速度と活動度

活断層にもそれぞれ個性があります。特にずれ動きの活発さを表す「活動度」は、地震の危険度評価に直接関係します。活動度は「変位速度」という指標で示されます。

活断層の定義は、最近数万年～数十万年間に繰り返し活動した痕跡があるかどうかでした。つまり、地層や地形面のずれ（変位）が累積しているかどうかです。**図5**に示すように、断層を横切る尾根、谷、段丘崖などのずれ量（D）を測り、その基準となる地形の年代（T）が分かれば、その断層が平均的にどのくらいの速さでずれ動いてきたかが分かります。このずれ動く速度を平均変位速度（S）といい、S＝D／Tで計算できます。

具体例を示しましょう。**図6**は阿寺断層によって左横ずれした木曽川の河岸段丘です。河岸段丘は、土地の隆起もしくは海面低下によって河川が徐々に深く刻み込まれ、氾濫原（河原）が取り残されることによって形成されます。そのため、形成年代が古いものほど高い位置にあります。

図6では、時代の異なる複数の段丘面にそれぞれ記号を振っています。これをみると、これらの段丘面と段丘崖が阿寺断層によって左横ずれしていて、高い（古い）段丘面ほど横ずれの量が大きいことが分かります。これは、古い段丘ほど多くの地震を経験しているからです。例えば、M２という段丘面は約一四〇メートルずれています。M２面は約五万年前と推定されていますので、平均変位速度は一四〇メートル／五万年＝二・八ミリメートル／年となります。同じように最も新しい約六〇〇〇年前に形成されたA１面は十五メートルずれているので、十五メートル／六〇〇〇年＝二・五ミリメートル／年となります。いずれも同程度の速さと分かります。

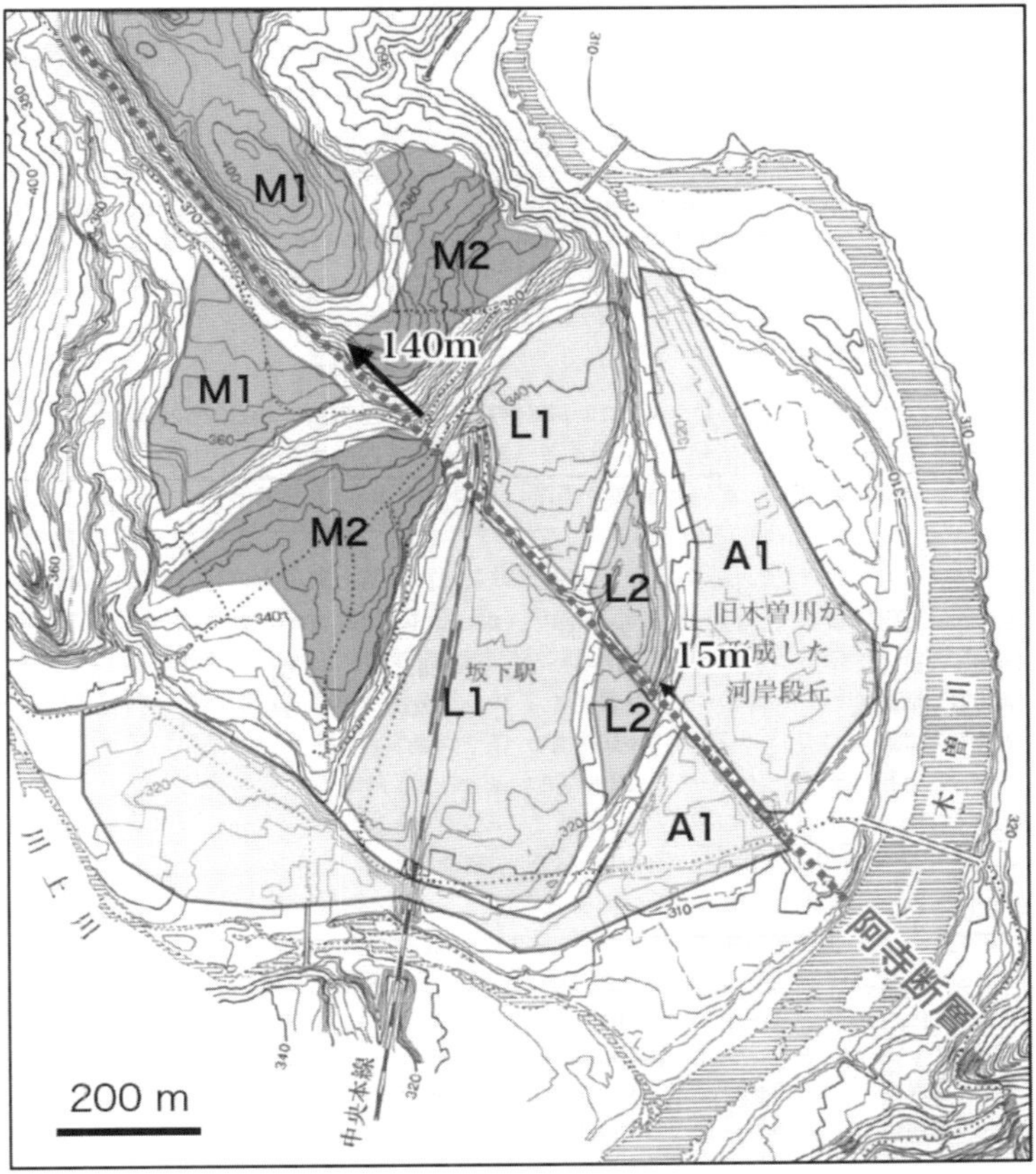

図 6　阿寺断層によって累積変位を受けた木曽川沿いの河岸段丘
（出典：佃　栄吉・粟田泰夫・山崎晴雄・杉山雄一・下川浩一・水野清秀「1：2.5 万　阿寺断層系ストリップマップ説明書　構造図（7）」地質調査所，1993, 39pp に加筆）

このように、平均変位速度（S）によって活断層の活発さを定量的に表すことができます。日本の活断層は、この平均変位速度によって以下の三つのクラスに分けられています。A級活断層：一〜十ミリメートル／年、B級活断層：〇・一〜一ミリメートル／年、C級活断層：〇・〇一〜〇・一ミリメートル／年。防災上の優先度を考えるうえで重要なランク分けです。

4　活断層調査から地震の予測へ

●固有地震モデル

活断層評価の基本となる考え方は、「ある一つの活断層は固有規模の大地震を起こし、その際の断層の長さ（破壊長）、ずれの量は毎回ほぼ一定であり、さらにそのような地震がほぼ同じ活動間隔で繰り返される」（**図7**）というもので、これを固有地震モデルといいます。実際には、破壊長、ずれの量、活動間隔には倍半分程度のゆらぎがあります。このモデルをもとに、12頁で紹介した経験則を使って、活断層から想定される地震の規模、地表変位量などを予測します。

●断層活動史をひも解き、今後を予測する

固有地震モデルは、地震発生の切迫性の評価にも使われます。最近では確率値として定量的に示されることが多くなりました。**図7**のように、将来を予測するためには過去の動きを知る必要がありま す。具体的には、活断層の平均的な活動間隔と最新活動からの経過時間です。活動間隔（**図7**のTr）

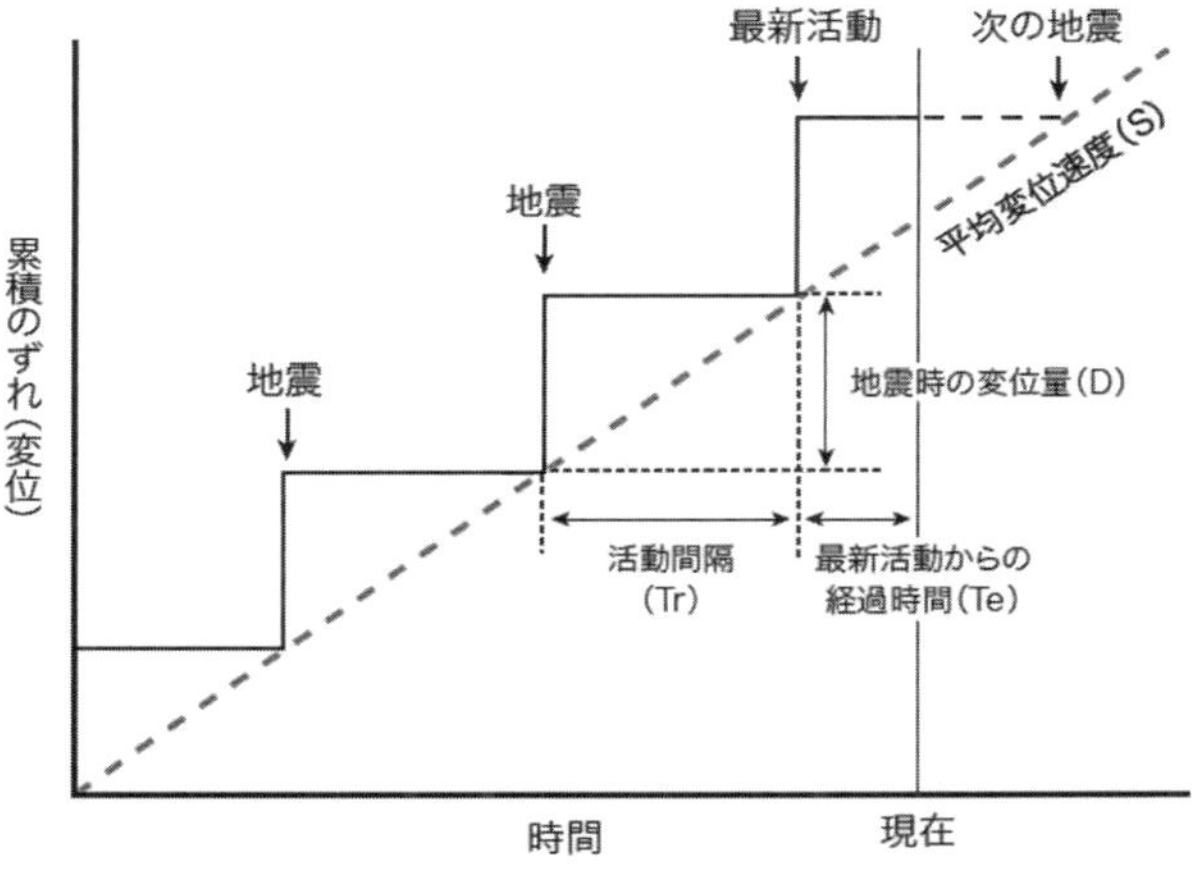

図７　地形の累積的なずれと間欠的な地震発生

が短く、最新活動からの経過年（**図７**のTe）が長いほど要注意の断層ということになります。

活断層による大地震の発生史は、過去の地表面、すなわち現在観察できる堆積物中にずれとして記録されています。その記録を検出し、地層の年代を測定することによって、大地震の発生時期を推定することができます。そのため、バックホーなどを使って活断層を直接掘り、積極的に露頭を作ります。これをトレンチ調査法（35～38頁）といいます。

５　まとめ

地震とは長期間にわたって地殻内に蓄えられた歪みが、断層という弱い部分から一気に解放される現象です。この歪みの蓄積をもたらす原動力がプレート運動です。日本列島は東から太平洋プレート、南からフィリピン海プレートが沈み込み、その影響で列島にも大きな力が働いています。内陸では地震発生深度はわずか二十キロメートルです。地震の規模Mが7程度以上で地表に断層が出現します。このような動きが過去に何度も繰り返されて地形で認識できるものを活断層といい、将来の内陸地震の震源になります。活断層は日本列島に二千以上も推定されていて、それぞれの動きの速さからランク分けされ、防災上の優先順位決定などに用いられます。活断層から想定される地震の規模、地表変位量、切迫度（確率）などは、このずれ動く速度や断層の長さなどから、おおよそ見積もることが可能です。

コ ラ ム　スーパーマンと活断層

アメリカのカリフォルニア州の太平洋岸には、約 1300 キロメートルにわたって続くサンアンドレアス断層がある。サンアンドレアス断層は、ディザスター映画や、アクション映画の舞台にもなってきた。

1978 年に公開されたアメリカ映画「スーパーマン」では、悪人が断層の海側の土地を大地震で水没させようと企む。買い占めておいた土地を売って大儲けするためだ。巨大地震を発生させるのに核ミサイルを撃ち込んだり、スーパーマンが時間を元に戻すために地球を逆回転させたりするのは荒唐無稽だが、断層がずれ、強震動で崖崩れが発生したり、ダムが決壊しそうになったりする場面には、それなりの現実感もある。

映画の場面づくりには、サンアンドレアス断層周辺をめぐる当時の話題が反映されているように思われる。カリフォルニア州の太平洋岸には、いわゆる西部開拓時代の 19 世紀後半から、大地震の記録が残っている。1906 年のサンフランシスコ地震（M7.8）では、当時の市街地に壊滅的な被害が生じている。1971 年には、サンフェルナンド地震（M6.6）による大きな被害が発生し、カリフォルニア州は 1972 年に「活断層法」を制定して、活断層直近の地域の開発規制を制度化した。

サンフェルナンド地震では、近傍のフィルダムが危うく決壊しそうになっている。また地震が原因ではないが、1976 年にはアイダホ州のティートンダムが漏水から決壊に至るという災害があった。さらに、巨大地震を伴って大地が沈水する災害については、1973 年に小松左京の『日本沈没』が出版・映画化され、アメリカでは 1975 年に公開されたことも反映されているかもしれない。

第 2 章

断層の調べ方

1　変動地形学調査─地表の形を調べる

変動地形学とは、地形学をつかって、活断層や地すべり、土石流、火山など地表に現れる自然の変動現象について、地形を変化させる原因とその原因が引き起こす変動量を研究する学問分野です。地形図や衛星写真・空中写真を見ると、活断層があるところ、さらには活断層が動いた痕跡が地形に多く残されています。この節では活断層を地形から読み取る方法について説明します。

●線状地形（線状模様を示す地形）

断層は、地層を断ち切っています。地殻に応力が働いて地層がせん断されることによってできます。二次元で見ると直線となることが多く、断層を地形学から推定する際は、まず直線状を示す地形を探します。ただし直線状の地形は、断層だけでなく地質境界や地質構造によってもできます。したがって地形だけでなく地質も調べて活断層を特定することになります。

四国地方を衛星写真で眺めると、山の斜面が東西方向に

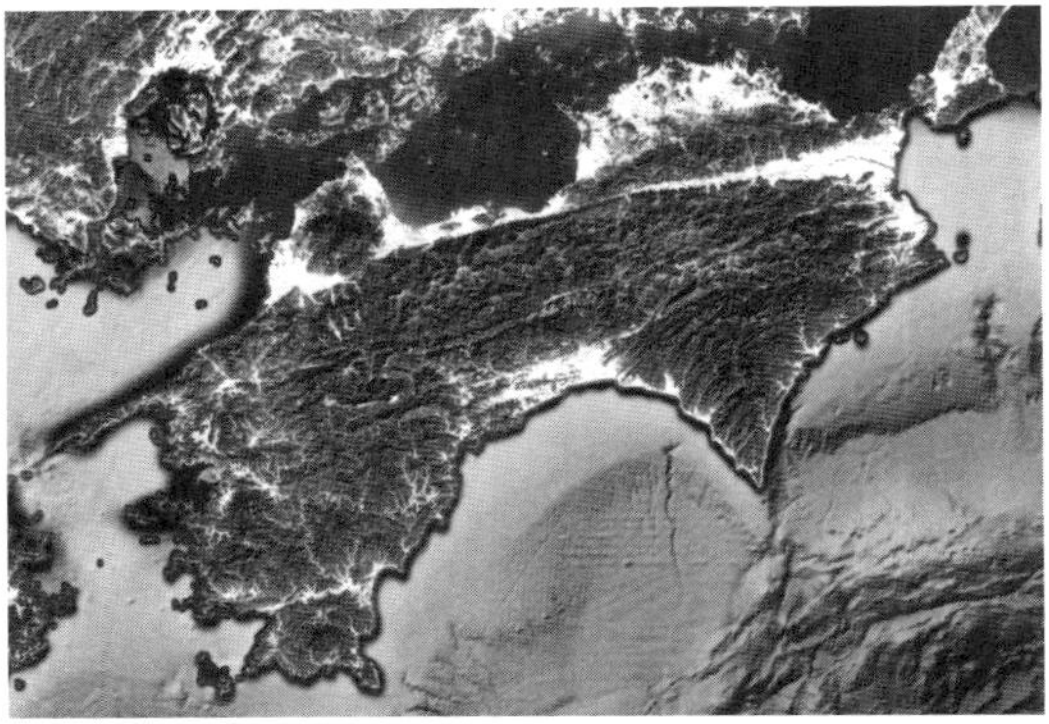

図8　四国の衛星画像（出典：GoogleMap_LANDSAT）

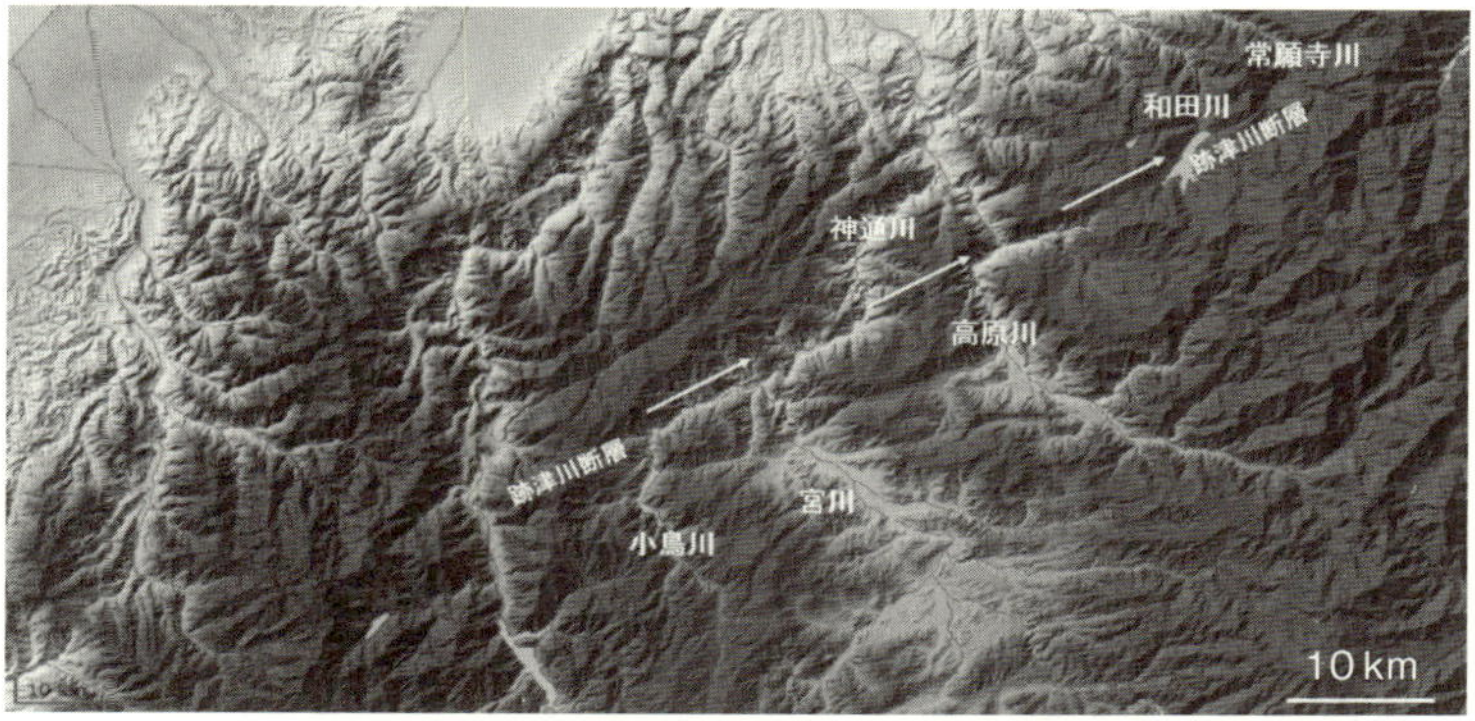

図９　横ずれ断層によって谷が屈曲した地形例（出典：国土地理院地形図に加筆）

直線状に並ぶ地形を何本も見ることができます（**図８**）。この直線的な地形の多くは、断層によって作られたものです。詳しくは33頁に述べますが、これらの一部は地質不連続に当たります。

線状地形はほかの地方でも多くみられ、その多くが断層によるものです。

●屈曲地形

地形を注意してみると、直線的な地形のほかに、断層が動く、変位することによって特異な地形が形成されることがあります。屈曲地形は分かりやすい変動地形と言えるでしょう。**図９**は岐阜県飛騨市から富山県富山市にわたる山地の地形図です。中央の西南西から東北東に延びる直線谷沿いに跡津川断層があります。矢印のように断層を挟んで北側の土地が右側にずれています。この跡津川断層に沿った谷を境に、西から小鳥川、宮川、神通川、高原川、和田川、常願寺川が右に屈曲しているのが分かります。

地質が均質であれば、川は低い所へ向かって蛇行しなが

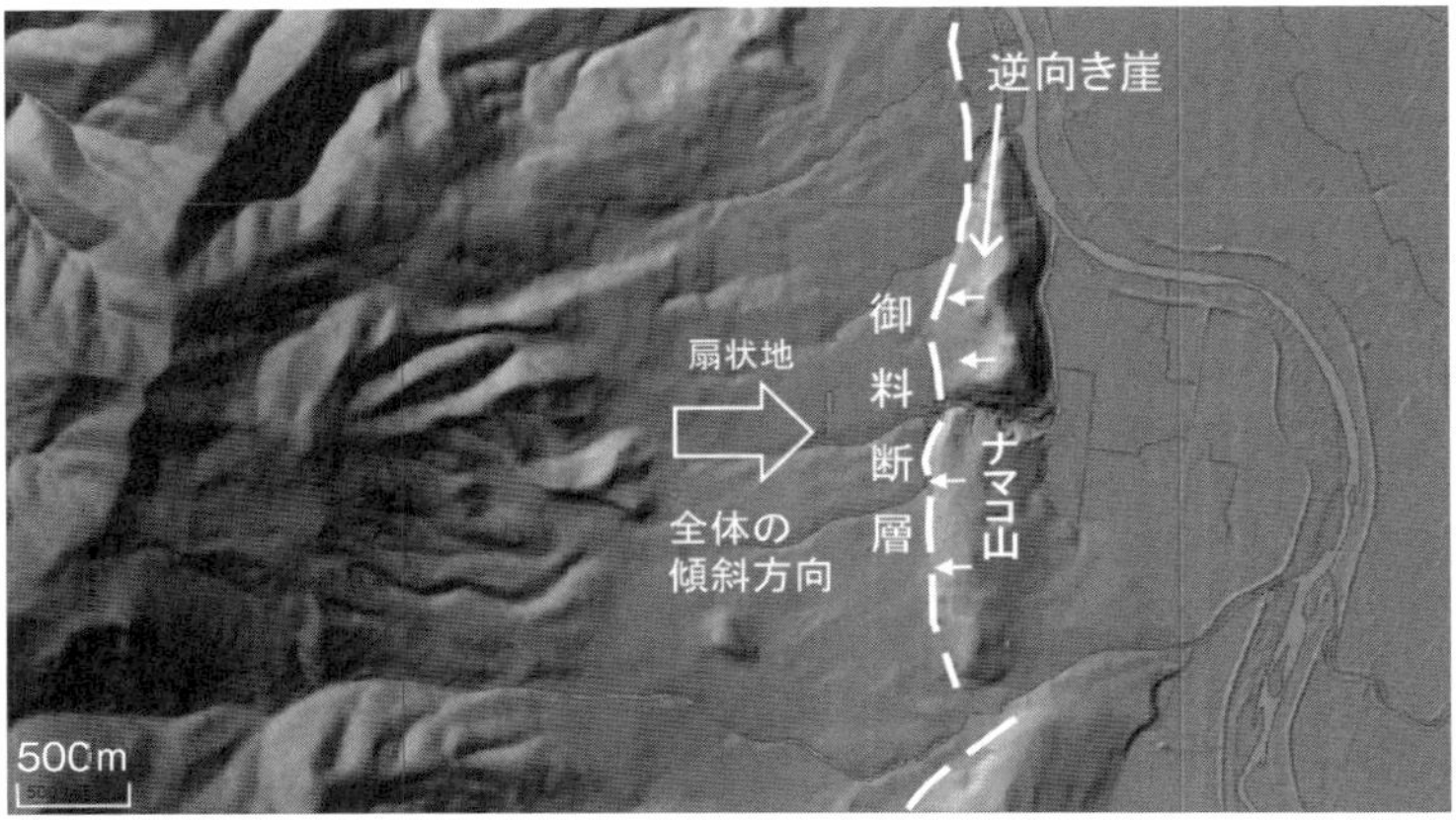

図 10　逆向き崖地形の例（出典：国土地理院地形図に加筆，御料断層とナマコ山に関する記載は地震調査研究推進本部ホームページを参照）

ら発達します。ところが活断層が活動するたびに谷が横にずれるため、断層沿いでは川が流路を横ずれの方向に変えます。ここでこの屈曲が変動地形かそうでないかは、短い川と長い川での屈曲量を比較してチェックします。変動地形であれば横ずれが繰り返し起こっているわけで、形成が古く長い川の方で屈曲量が大きくなり（小鳥川、宮川、神通川、高原川）、短い川は屈曲量が小さくなるからです（和田川、常願寺川）。

●逆向き崖地形

普通なら重力の方向、低い方に面して崖ができます。ところが活断層によって、地形的に高い方に面して逆向きに崖ができることがあります。活断層によって低い方が隆起する場合、その逆さ地形を侵食によって削る力がなければ逆向き崖として残ります。**図10**は北海道富良野市街西方のナマコ山（ナマコのような形をして南北方向に紡錘状に形成された比高地）の西縁の崖が、地図全体では東に傾斜する扇状地と逆向きになっ

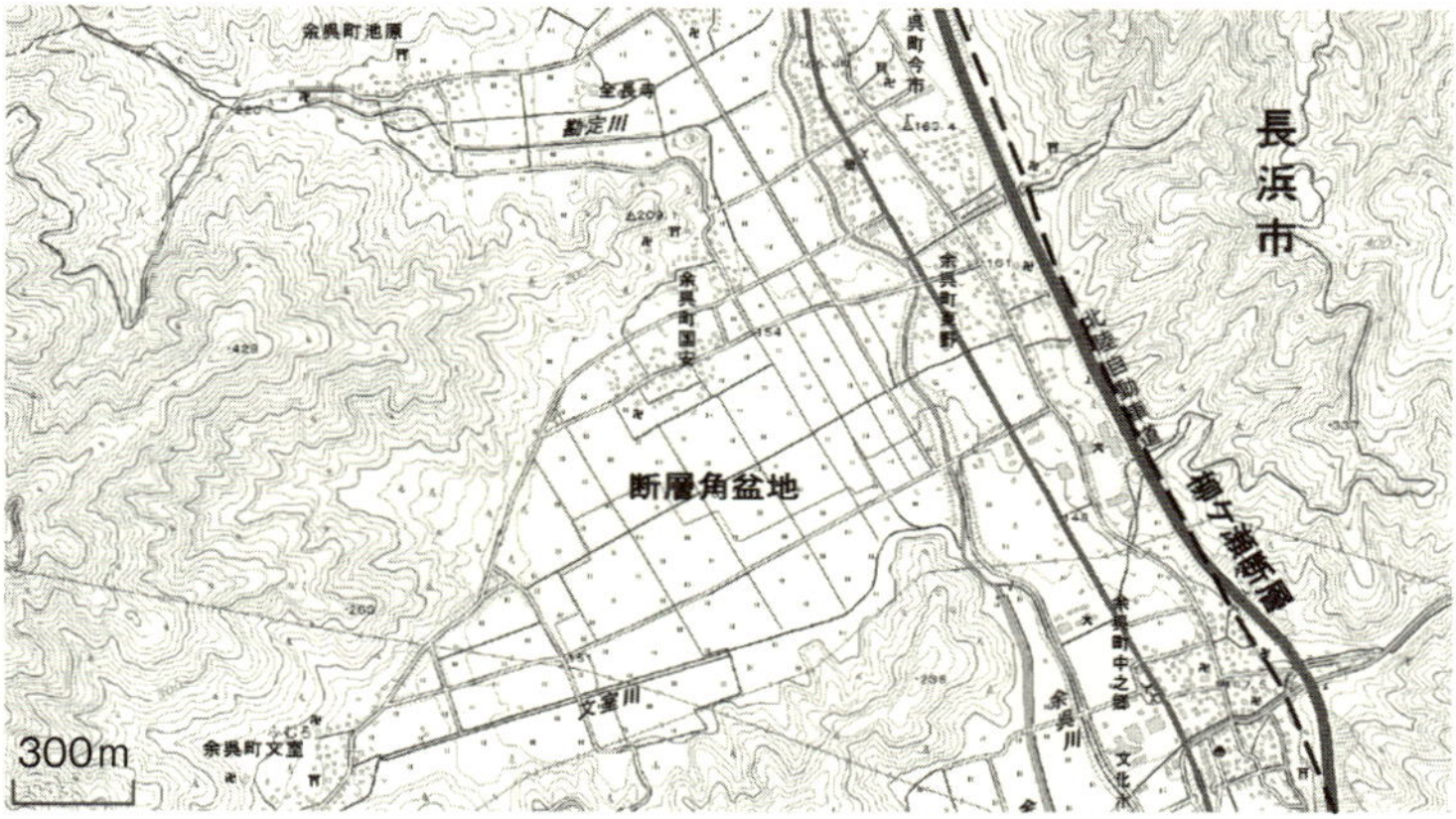

図 11　断層角盆地の地形の例（出典：国土地理院地形図に加筆）

ています。ナマコ山の西縁の崖沿いに南北方向の御料断層があり、この断層によって扇状地堆積物が押し上げられてナマコ山ができたと考えられています。

●閉塞地形（断層角盆地）

断層の隆起運動や横ずれ運動によって谷が閉塞され、流れ込む土砂が下流に運搬されず、谷が埋め立てられて、小さな三角形の谷埋め低地が形成されることがあります。これを断層角盆地と呼んでいます。**図11**は滋賀県長浜市の地形図です。図の東側に北北西から南南東にかけて山地裾沿い（余呉川沿い）に活断層の柳ヶ瀬断層が伏在しています。この断層によって断層の南西側が沈降し、文室川によって谷が堆積物で埋め立てられて、山地に挟まれた平坦地ができたと考えられています。閉塞された谷の下流側がちょうど角形に見えるために角盆地と名づけられました。

2 地表地質踏査―野外を歩いて調べる

地表地質踏査とは、地表に岩盤が露出しているところ（地質露頭）を歩いて探して観察する調査です。実は地表で断層が露出するところ（断層露頭）を見つけることはとても難しいことで、大抵、断層は表土や崩積土によって覆われて地表からは見えません。断層はもともと地層が断ち切られているところですので、周辺の断層でないところに比べて地質がとても弱く風化しており、草木や土に覆われやすいからです。ですから地表地質踏査で断層を探すことは簡単ではなく、これまでに説明したように地形から「この辺にあるかも知れない」と推定して、草木や土に覆われない沢沿い（水が常に流れて覆う層を洗い流してくれるところ）で露頭を探したり、崖や切土（道路や平坦地を造るときに地山を削った斜面）を観察したりします。見つかった断層は、文字通り地質の境界であったり、地質が破砕された状態で岩片状や岩片と粘土の混在層であったりします。ここでは地表地質踏査での自然露頭に多い、岩盤内の断層観察について説明します。

●岩盤内の断層の観察

まず断層を挟む地質を観察し、地質を分けている断層であるのか、同じ地質の中にできている断層であるのかを見極めます。

次に地質の境界となっている断層に注目します。その境界には軟らかくて薄い粘土層があることが多いです（**図12**）。この薄い粘土層は、断層が動いたときに元の地質を破砕し、風化も手伝って粘土化した断層面です。粘土層を乱さないように注意深く採取して観察すると、葉っぱを重ねたように薄くはがれることがあります。そしてきれいにはがれた面を見ると、すべすべで光っていることがあります。この光った面は断層が動くことによって磨かれた平滑面で、鏡肌と呼んでいます。また鏡肌をよく見ると一つの方向に平行な線状模様（条線）が見えることもあります。条線は、断層が動いたとき、粘土内の小さな砂粒が引きずった跡などです。

断層面の周辺には断層破砕帯が形成されます。これは地層が断ち切られる過程でできるもので、断層岩と呼ばれることもあります。破砕帯の中でも鏡肌が多く見つかり、せん断を受けていることが分かります。破砕帯内の鏡肌を伴っている岩片の面の方向をたくさん調べていくと系統的な方向を向いていることがあり、せん断応力がどの方向からかかってきたのかを調べることができます。

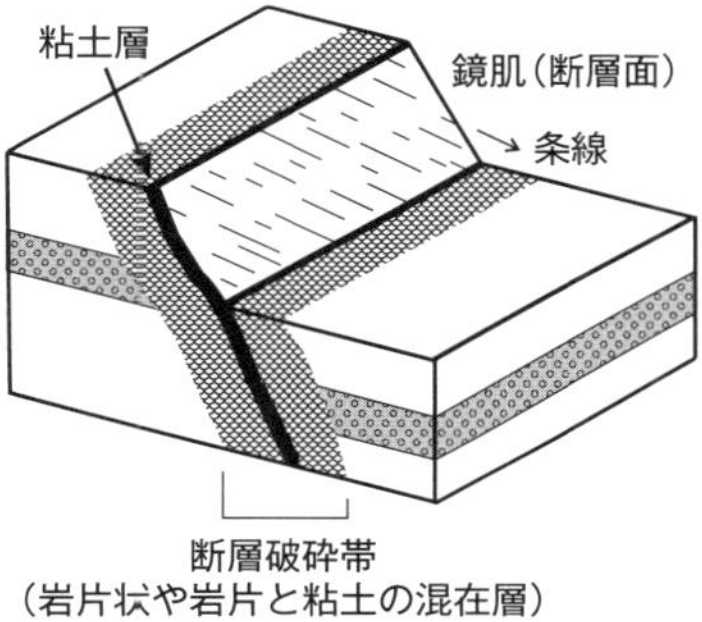

図 12　岩盤内の断層の観察

●断層による地質不連続

次に断層によって別の地質時代が隣り合わせになる例について説明します。

地層はその時々の後背地（土砂が川などで運ばれて堆積する場合は土砂の供給源となっている上流側の場所）の地質によってさまざまな礫や砂や泥が下流側に運ばれ堆積してできます。

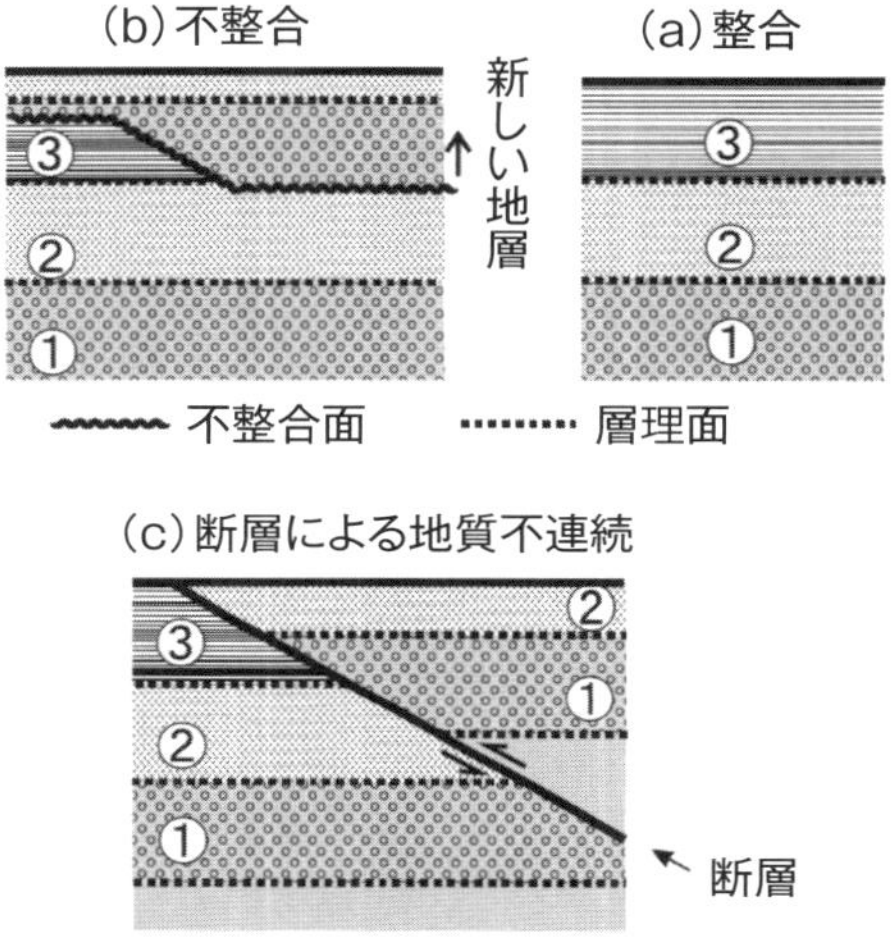

図 13　整合と不整合と断層による地質不連続

堆積場所がどんどん堆積によって前進して後背地との距離が離れて行けばいくほど、礫は削られ砂になり砂は泥になって行きます。そのため後背地に近い場所では礫が堆積し、遠ざかるほど細粒な砂や泥が堆積します。ですから地層が下から上に向かって①礫岩から②砂岩、そして③泥岩と移っていく様子は自然なことです（**図13(a)**）。このように自然に連続的に堆積が続く場合は明瞭な不連続面や分離面ができず、地層は層理面を介して連続します。この地層の関係を整合と言います。ところが後背地から遠いところで形成された泥岩層の直上に礫岩層があり、はっきりとした地層境界面が形成されている場合、急に後背地が近くなったと考えるのは不自然です。もし泥岩層の堆積構造が水平なのに、上位の礫岩層との境界が大きく見ると凸凹しているような場合、泥岩層が堆積した後、その場所は干上がって陸地になり川などによって削られた後、近くの山から運ばれた礫が削られた場所を埋めるように堆積したためにできた境界面であると考えます。この境界面を不整合面と言います（**図13(b)**）。この場合、上位の地層は必ず下位の地層よりも新しい地層と言うことになります。ところが泥岩と礫岩

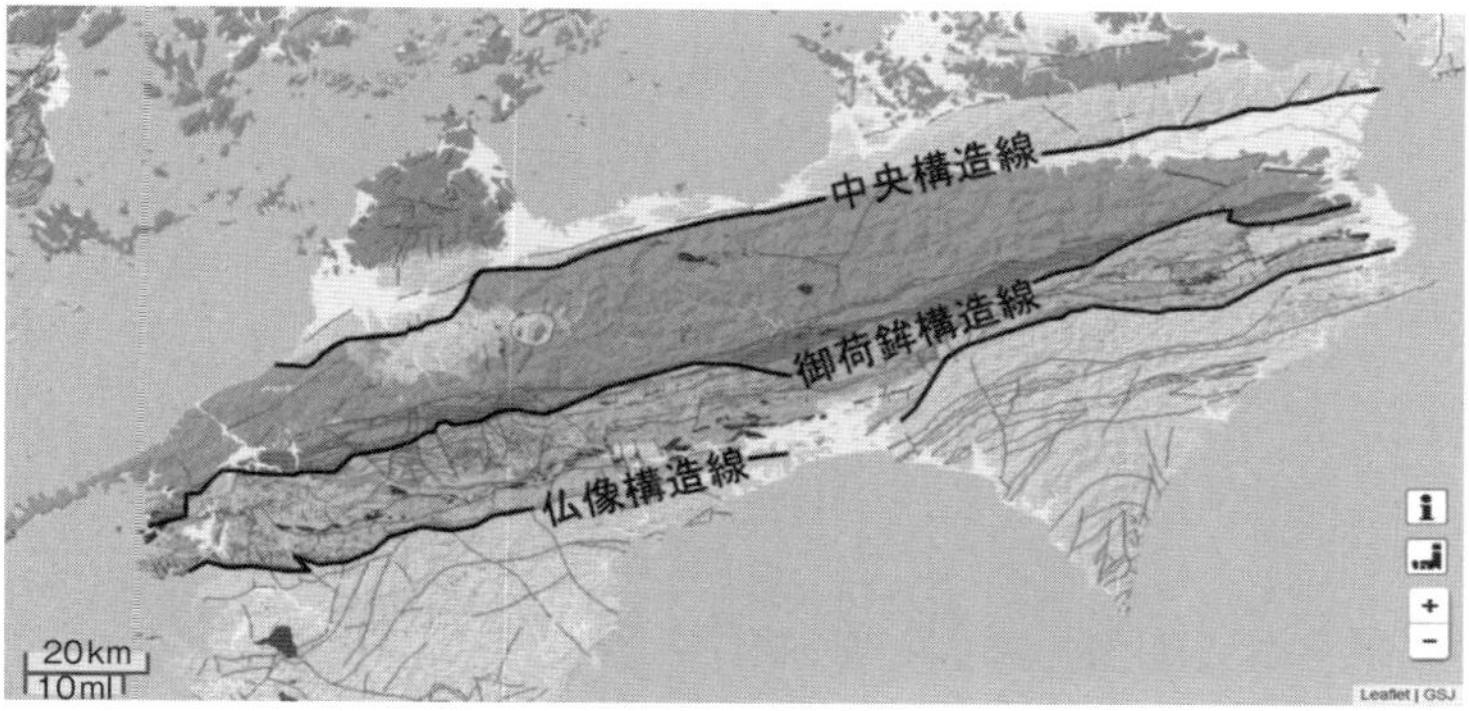

図14　地質時代を分ける大断層の例（出典：産業技術総合研究所地質調査総合センター日本シームレス地質図に加筆）

との境界で両方の堆積構造が乱されているような場合、またその境界面に沿って割れ目が多く発達しているような場合、さらに個別の地層内の上下関係は正常なのに新しい地層の上に古い地層が載っているような場合は、その境界面は整合でも不整合でもない第三の関係、すなわち断層ではないかと言うことになります（**図13(c)**）。断層は、地層の関係を地すべり面などの重力による形成や隆起・沈降などの上下動で説明できないような境界面です。断層のずれの量がとても大きくなると地質時代が大きく異なる地層が断層を境として接することになります。このような大断層を地質学では、地質時代が異なるような地質構造を分ける線として「構造線」と呼びます。中央構造線は西南日本を内帯（日本海側）と外帯（太平洋側）に、糸魚川－静岡構造線は日本列島を東西に分ける大断層として有名です。**図14**は四国地方の地質図ですが、東西に延びる中央構造線、御荷鉾構造線、仏像構造線によって地質が東西の帯状に分けられていることが分かります。

3　化学的調査—化学の力で場所や年代を調べる

断層は断層に沿って周囲の地層を破砕・変化させています。また断層面の両側では堆積した時代が違う地層が接しています。化学的調査は、断層のこのような特徴に着目して、化学の力を使って断層を探し、その活動履歴を調べる調査です。

●断層を探す化学調査

断層は周辺の地層を破砕していることを利用して、その破砕帯に沿って地下から放出される放射性元素であるラドンの量を計って断層を探す方法があります。

断層は地殻応力によって形成されたものですから、地殻の深くまで断層の根が続いています。地下深部では常に放射性元素の壊変が行われていますが、出される放射線は厚い地層に遮られてなかなか地表に出ることができません。しかし深い根を持つ断層に沿ってなら、断層は周りよりも破砕を受けて間隙がありますから、ラドンの気体が出てくることができます。このことを利用して、地表のラドン濃度を測り、ほかよりも濃度が高い場所の地下に断層があると推定します。

●断層の活動年代を推定する調査

断層の活動年代を推定する方法は、断層と関係している地層の形成年代を地層に含まれる植物遺体や火山灰から測る間接的な方法と、岩石中の鉱物が断層活動とその後の経過時間で変化する量を測る直接的な方法（電子スピン共鳴法やフィッショントラック法）があります。ここでは広く行われている地層に含まれている植物遺体や火山灰から測る方法について説明します。

植物遺体から測る方法は、地層中の植物遺体（地層が堆積した当時の植物の遺体）に含まれる炭素の放射性同位体（半減期五七三〇年）を利用して地層の形成年代を調べるものです。この放射性炭素年代測定では、半減期のおよそ十倍の五万年前位までの地層の形成時代を探ることができます。

火山灰から測る方法は、日本だからこそ非常に有効な方法ですので、少し詳しく説明します。

日本は火山列島です。さまざまな火山灰が日本の地層のあちこちに挟まれています。地質学的な時間では火山灰が降った時期は〝一瞬〟ですから、それが分かれば、地層の堆積時代を決定できることになります。火山灰の中に含まれる火山ガラスは、噴出の際にできたもので、ガラス中の構成鉱物の違いにより光の屈折率が異なっています。その違いを利用して、どの火山のいつの時代に降灰した火山灰なのかを調べることができるのです。ただ野外では直ぐに屈折率を調べることは難しいので、火山灰の見た目（色合い）も野外での推定には有効です。「アズキ」や「三色アイス」などの見た目が想像しやすい名前を付記して呼ばれることもあります。

４　トレンチ調査―掘り出して調べる

地表地質踏査では、断層は土砂や表土に覆われていて地表で観察することが難しいことを述べました。ここではこのように地表からは見ることができない断層を実際に掘り出して観察するトレンチ調査について説明します。トレンチとは溝の意味ですが、断層があると推定した場所でトレンチ状に長く掘削して地層を露出させ、断層面を境にした両側の地層の状態や時代を細かく調べて活動性を調べるものです。

トレンチ調査の優れている点は、①断層を直接観察できる、②断層が変位させている地層と変位させていない地層を直接観察できる、③変位している層、変位していない層の時代を推定できる試料（34～35頁で触れた植物遺体や火山灰）を採取できる、と言うことです。

トレンチ調査での断層の観察は、未固結の地層と岩盤を対象にする場合がありますが、岩盤の場合は30～31頁で説明していますので、未固結地層内での観察について説明します。

●未固結地層内の断層の観察

トレンチ壁面において、断層面とその周囲の地層を丹念に観察していくと、断層によって変位した地層（**口絵７(b)**の3～9の地層）と、断層が上に延びるのを止めるように断層に蓋をしている非変位層（**口絵７(b)**の2の地層）が観察できることがあります。さらに断層面を境に各地層がどのくらいずれているかを調べると、下位の古い地層（例えば6の地層）の方が上位の新しい地層（3bの地層）よりも変位量が大きいことがあります。その場合は、断層は下位の古い地層の堆積後に動いて、さらに上位の新しい地層の堆積後も動いたと考えることができます。また蓋をしている地層には断層が無いわけですから、少なくともこの地層の堆積後、断層は動いていないことになります。これらの地層の堆積時代が分かれば、断層が動いた複数回の時期とその活動間隔、そして最新活動から少なくとも現在まで何年経っているのかが分かります。

●活断層の活動性を調べる

現在、活断層については、繰り返しほぼ同じ活動間隔で動いていると考えられています。その根拠の一つとしては、伊豆半島の付け根にある丹那断層での調査があります。丹那断層はおよそ七〇〇年から一〇〇〇年の同じ周期で過去八〇〇〇年の間に九回も動いていることが分かっています。この理由は、現在の第四紀の地質時代はほぼ同じ地殻応力場にあり、継続的に同じ方向から同じ量の応力を受けている場合、断層に歪みが蓄積する速度も一定となり、その歪みが解放される間隔も結果としてほぼ一定となると考えているためです。ただしこのメカニズムは定量的にはまだ十分な検証ができていません。事実を説明できる仮説として考えられています。

トレンチ調査では、この仮説に基づいて、活断層の最新活動時期と活動間隔を調べます。同じ間隔で活動するとすれば、防災上、今度いつ断層が動くのかについて推定できることになります。

このためには、トレンチ調査で得られた地層試料を35頁で説明したように、放射性炭素同位体分析、火山灰分析などで調べ、地層の堆積時期を推定する必要があります。

●トレンチ調査位置

ではトレンチ調査位置は、どのように決めるのでしょうか。

まず変動地形学調査と地表地質踏査を行って、断層を線状または帯状に推定します。そしてその地形に沿って断層を追跡し、最新の活動時期を調べるために、第四紀更新世後期の新しい堆積物に覆われいる場所を調査位置として選定します。具体的には、ゆっくり堆積した細粒層が分布する可能性のある断層沿いの窪地や、河川の氾濫原・小規模な扇状地などで、水田や畑地が選ばれます。水田や畑地は、大きな地形改変や人工掘削が行われていない場所なので、自然な堆積環境が残されている可能性があるからです。

5　物理探査—大地に聴診器をあてる

物理探査とは、地層に地震波、電流や電磁波を入れてその伝わり方の違いを探ること、または地表で検出される重力や地磁気や自然微動を探ることで、物理量から地下構造を推定しようとする調査手法です。人間の眼とは違うセンサで探っていきます。物理探査の利点は、断層がその地下にある可能性を広域に、かつ非破壊で（掘削して土地を傷つけないで）探ることができるところです。

●地震探査

地震探査は**図15**のように、P波とS波を使った、屈折法地震探査や反射法地震探査があります。また発生した地震波と地表面との相互作用から生まれた表面波を使った表面波探査もあります。

屈折法地震探査では、地表から弾性波（地震波）を発生させて（発振点）、その波が地下へ伝わり地下の地層の境界で屈折した波が地表に戻って来たところを受振器で捉えます（受振点）。発振点か

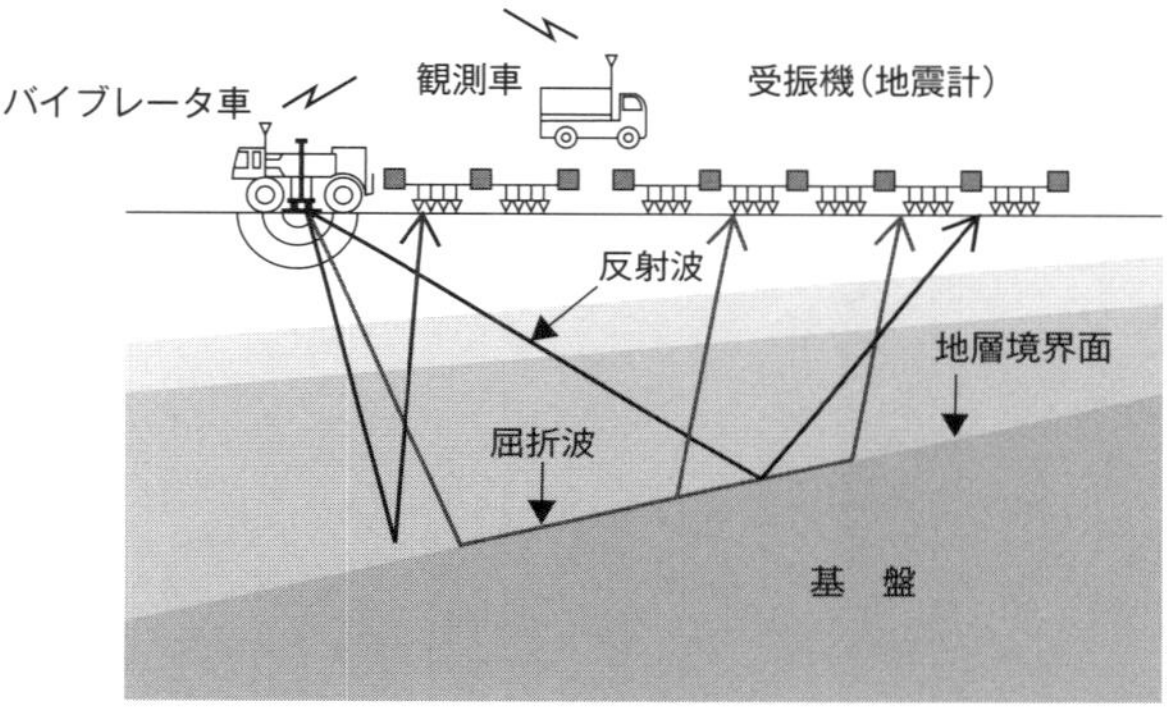

図 15　地震探査の仕組み（出典：愛知県防災局ホームページを改変）

ら受振点が近いほど浅い地層の境界から屈折した波が捉えられ、逆に遠いほど深い地層の境界から屈折した波が捉えられていると仮定して解析を行って地層の弾性波速度と地層境界の深度を求めます。仮定では深いところにある地層ほど弾性波速度が速いとします。その仮定により発振点と受振点が近い距離では速度が遅い地表付近の地層でも受振点に早く波が到達しますが、遠い距離では速度が速く深い地層を通ってくる波の方が早く受振点に到達します。

次に反射法地震探査では、地層面などの物性値境界が弾性波を反射する性質を利用して弾性波が地表から発振されて地層面で反射して返って来た波を捉えます。帰って来た波の時間を測定して各受振点ごとに並べると時間軸としての反射波のグラフがつながって行くことがあり、そのようなつながる反射波は連続した地層境界と考えて解析を行っていきます。断層面も強い反射面となりますから、この探査で断層面が反射波の連続として捉えられることになります。ただ実際には断層は四十五度以上の高傾斜が多く、反射波が地表に返ってこないため、**図16**のように断層で隔

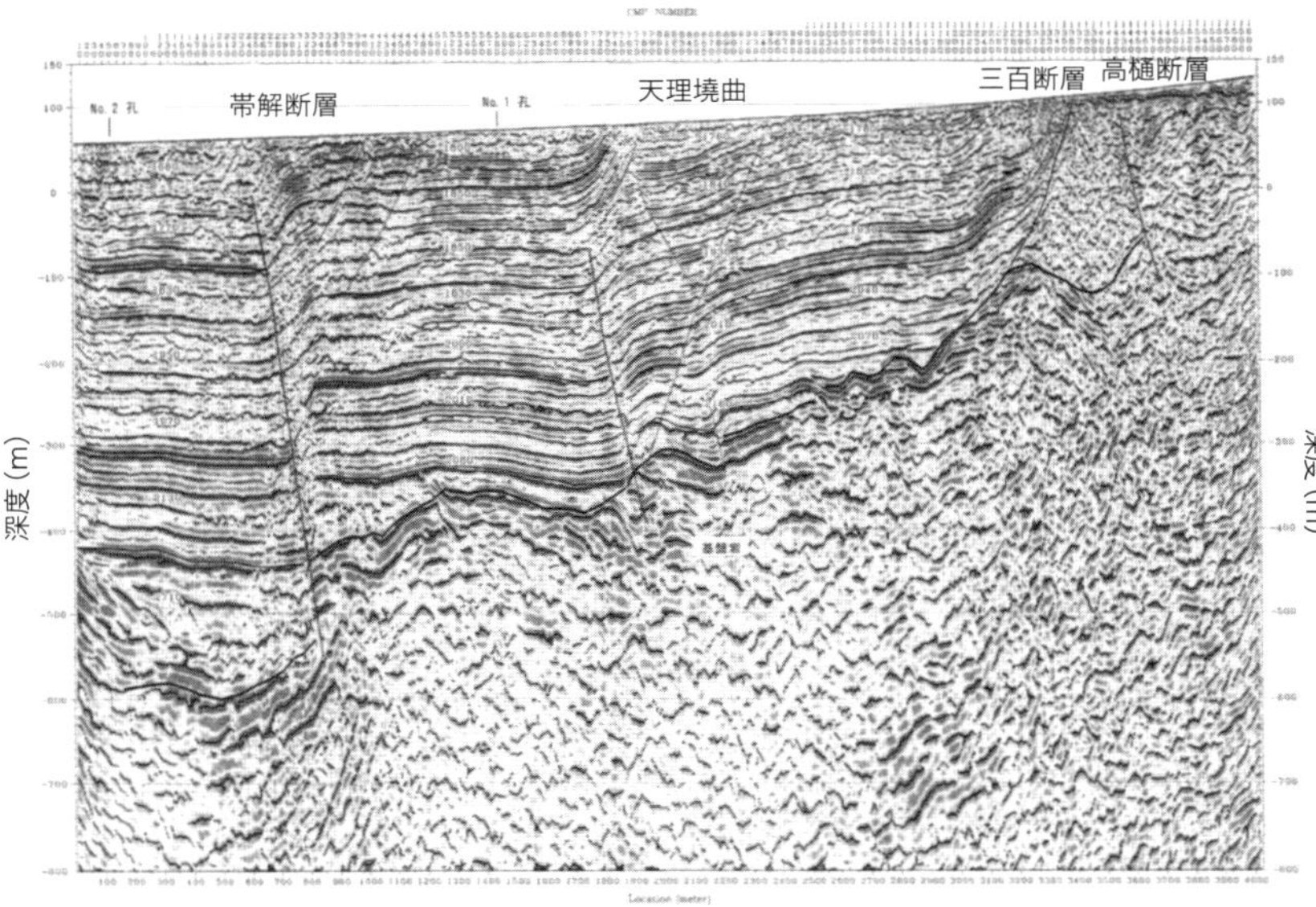

図 16　反射法探査による反射面断面図の例
（出典：地震調査研究推進本部ホームページ）

てられた両側の地層面の同一強度反射面の食い違いによって、断層を推定することが普通です。

表面波は地震波（人工のものも含む）が地表面に反射し合成されて生まれる弾性波です。表面波にはさまざまな波長が含まれており、この内短い波長の波は浅い地層構造を反映し、長い波長の波はそれよりも深い地層境界までの地層構造を反映していると考えられています。表面波探査法は、このさまざまな波長の波を解析することによって地層の浅いところから深いところまでの構造を概略把握することができる方法です。

●電気探査（電磁探査）

電気探査は、地表またはボーリン

グ孔内から電流を流して地層を通ってどの程度の電流が受信点で受けられたかを計測して、地層の電気比抵抗を測ります。一次元での探査は古くから行われ、近年ではこの一次元に加えて、パソコン上で地層の電気比抵抗分布モデルを仮想し観測値との比較を行って二次元の比抵抗分布モデルを作成する二次元比抵抗探査が多く行われています。一般には地下一〇〇～二〇〇メートル程度までを最大探査範囲としています。断層の両側で地質が異なることによって比抵抗分布の不連続構造が検出され、その構造を断層の位置として推定することができます。

電磁探査は、電気探査法の一つで電磁波を地中に流して地層の電気比抵抗を探る方法です。探査深度が数千メートルまで及ぶ自然電磁波を利用する方法と、最大一〇〇〇メートル程度までに限られるものの人工電磁波を利用し安定的に探査できる方法があります。**図17**は地表から行った電磁探査（自然電磁波と人工電磁波の両方を利用して作図したもの）による電気比抵抗断面図の例です。図面右側の高比抵抗部と左側の低比抵抗部が水平方向ではつながらずに不連続となっており、地質が異なることを示唆しています。この不連続線に沿って断層の存在が推定できます。

●磁気探査

磁気探査は、火成岩や堆積岩などの帯磁率を広域に測る調査法です。岩石には磁性鉱物が含まれており、火成岩であれば冷えて固まったとき、堆積岩であれば堆積したときの地球の磁場によって磁化されています。ですから帯磁率はその岩石のでき方やできた時代によって違っています。その違いに着目して地表面の帯磁率マップを作成し、地質構造を推定する探査です。断層があれば断層を境に地

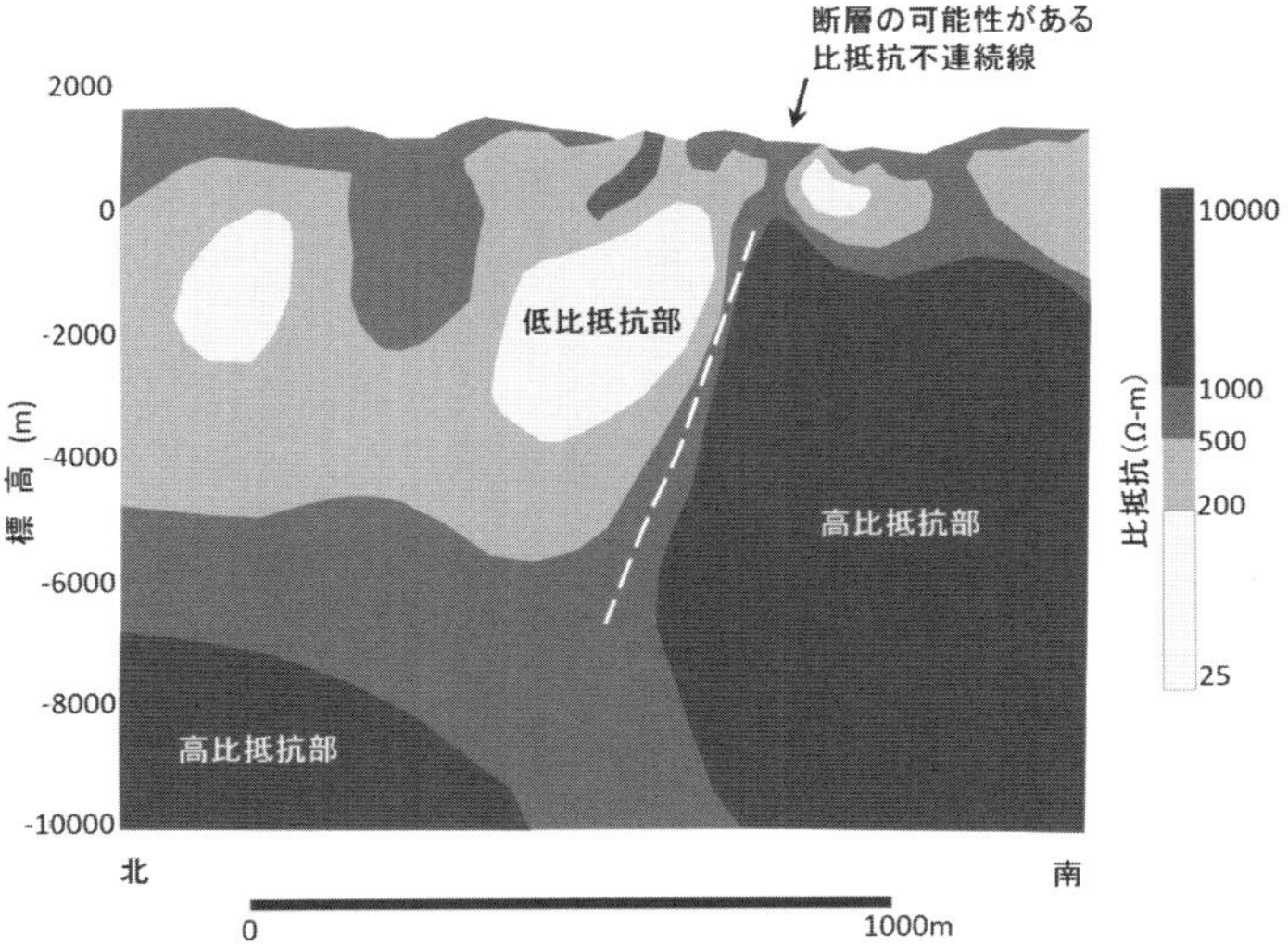

図 17　電気探査（電磁探査）による電気比抵抗断面図の例（出典：飯尾能久・池田隆司・小村健太郎・松田陽一・汐川雄一・武田祐啓・上原大二郎「長野県西部地域における地震発生域の電気伝導度構造」『物理探査』Vol.53，No.1，2000，pp.56-66 を簡略模式化）

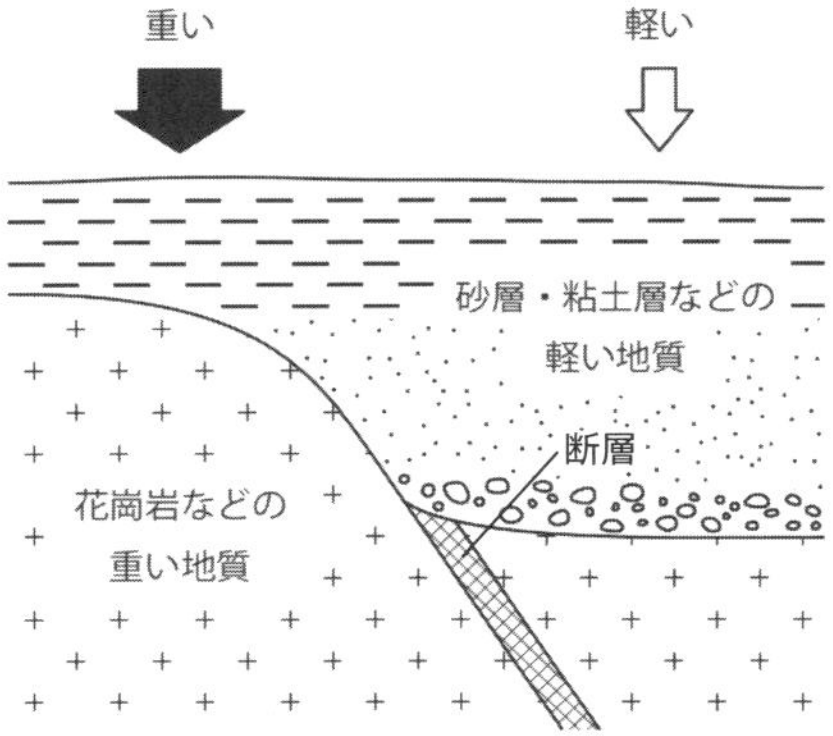

図 18　重力異常が起きる仕組み

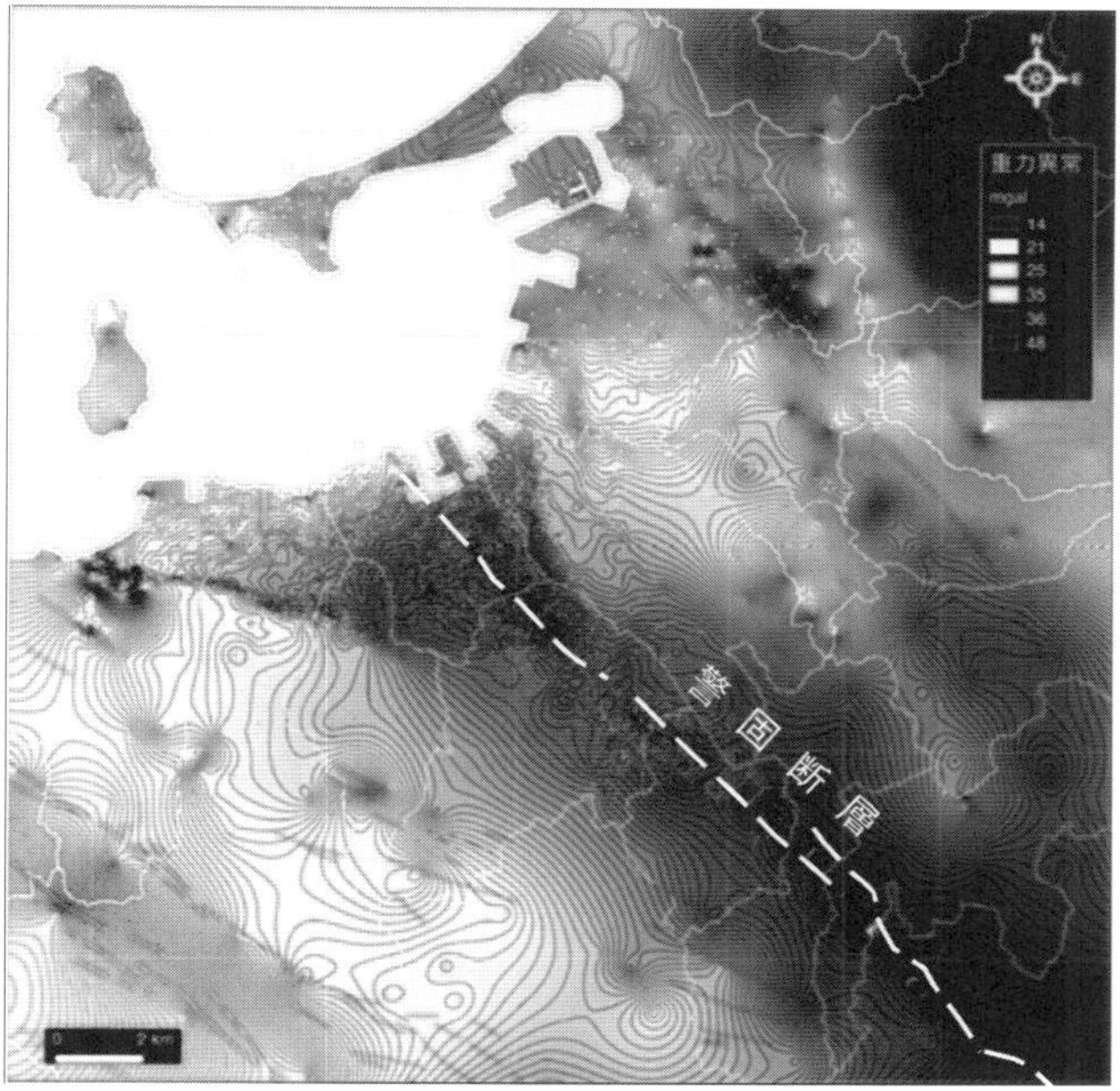

図 19　福岡平野を縦断する重力異常
（出典：渡邊公一郎・藤光康宏・西島 潤「断層帯および周辺の基盤地盤モデルの高精度化，警固断層帯（南東部）における重点的な調査観測」地震調査研究推進本部，九州大学，2013）

質が違うため帯磁率も違ってくる可能性があります。もし個々の地質の帯磁率があらかじめ分かっていれば、帯磁率を詳細に測ることによって、地質構造モデルの精密化に役立つことにもなります。

●重力探査

重力探査は、地表での地球の重力の大小を測定する探査です。重力は地球上では厳密には同じではありません。火山や花崗岩が分布している地域では、密度が高く、重力も大きくなります。それに対して関東平野などの新しい堆積層が深くまで分布している地域は、わずかですが、密度は小さく、重力が小さくなります。これを重力異常と呼んでいます。**図18**の模式図のように断層を境に密度の違う地質が接している場合、重力異常が測定され、このような重力値が異なる不連続面として断層を推定できます。

図19は福岡平野で重力探査を行った例です。福岡平野には警固断層という活断層が北西から南東方向に延びていることが分かっていますが、その断層沿いに図では黒い帯のように重力異常が見られます。

6　まとめ

以上、本章では断層の調べ方について説明しました。断層の調査は、断層がどこにあるのか、どのような活動性の断層なのか、規模や性状はどのようであるかについて、人の眼や機械の眼や耳を使い、直接的、間接的に調べていくものです。このようにさまざまな活断層調査方法がありますが、これらを組み合わせても、活断層の認定や活動度の推定については、不確かさが残ると考えるべきです。本書をきっかけに断層の調べ方についても興味を持っていただけたら幸いです。

コラム　００７と活断層

アメリカ西海岸のサンアンドレアス断層を舞台とする映画としては、イギリスのスパイアクション映画「007 美しき獲物たち」（1985 年）もよく知られている。この映画では、ジェームズ・ボンドの敵役が人工地震を発生させて、サンアンドレアス断層とそれに並行するヘイワード（Hayward）断層を同時に動かそうとする。断層の間にあるシリコンバレーを水没させ、マイクロチップの市場を独占するためだ。地震発生の手段として、石油の採掘井戸から断層に水を注入した後に廃鉱の岩盤を爆破して断層を動かすという、実現性はともかくとしても、具体的な仕掛けが演出されているのは、いかにもスパイアクション映画らしい。

「スーパーマン」と同様に、映画の背景には、地震と活断層をめぐる研究成果が反映されているように思われる。1960 年代半ばには、コロラド州デンバーで、軍需工場の廃液を地中に注入したことが原因で群発地震が発生し、その後、油田地帯での注水実験によって地震が発生する事例も確認された。1973 年には、歪みが蓄積した岩盤中の亀裂に水が入るとすべりやすくなり、大地震に至るという、いわゆるショルツ理論が提唱され、歪みや微小地震を観測すれば地震予知ができるのではないか、と一時期は期待されたこともある。

なお、映画の中で、ボンドたちが市庁舎の書庫に忍び込み、廃鉱の位置を調べるシーンがあるが、宝島探検のような地図には、舞台となる MAIN STRIKE 鉱山の近くに HAYWARD でなく HAYWOOD という地名が書かれている。MAIN STRIKE 鉱山はフィクションだが、実在する Hayward の町は、19 世紀 1860 年代の一時期、実際に Haywood と呼ばれていた。このあたりは、なかなか凝った演出であるように思う。

第3章

断層のずれの予測

1 断層のずれの複雑さ

●主断層と副断層・誘発断層

活断層から発生する地震による揺れは、断層の直上だけでなく広い範囲に影響を及ぼします。建築基準法の規定では全国一律に最低限の耐震性能が求められており、想定を超える地震の揺れに襲われたとしても建築物には一定の耐力が期待できます。しかし、断層のずれによる建築物や基礎地盤への影響は断層直上の狭い範囲に限られることから、その実態の解明や対策はあまり考慮されてきませんでした。厚さ十五〜二十キロメートルの地殻全体を断ち切るような断層の活動様式については、断層のずれの大きさは地震に伴って一度に破壊する断層の長さに比例することが経験的に知られています。しかし、個々の地点での断層のずれを予測するときには、断層の複雑な実態を十分に理解しておく必要があります。

本章では、複雑な構造をもつ地表地震断層を、主断層・副断層および誘発断層に便宜的に区分して、実際の大地震で出現した断層の例を示しながら解説します（図20）。地表地震断層のうち主断層は、大地震を発生させる震源断層のずれが直接に地表へ現れたものであり、ずれ量が大きくて連続性のよい断層です。また、副断層は、主断層の近傍に分散するずれ量や連続性が小さい断層であって、主断層のずれによる大きな地殻歪みなどによって地表付近に受動的に発生する断層です。誘発断層は、主断層から離れた場所にあって、地震動や小さな地殻歪みの変化が引き金となってずれが誘発させられる断層を指します。ただし、便宜的に三つに区分した地表地震断層の関係は、連続的で区別が困難な

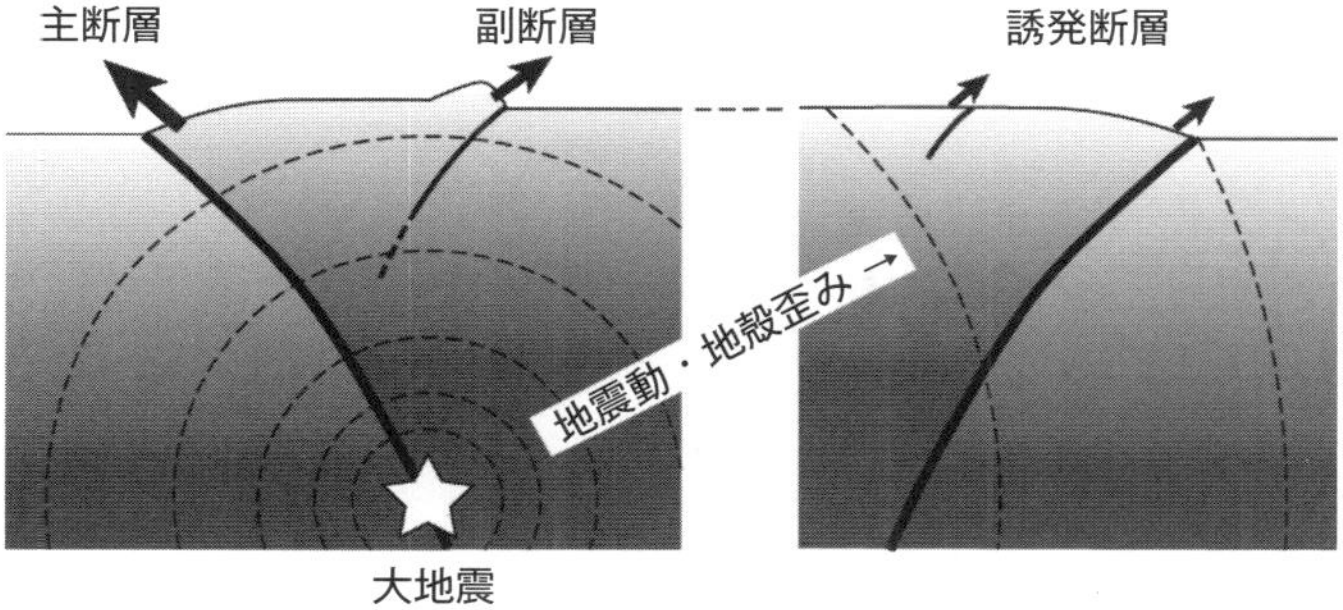

図 20　地表地震断層の主断層・副断層および誘発断層の関係

場合も多く、また、相対的なずれの規模によっても区分が異なってくることから注意が必要です。

●一九九五年兵庫県南部地震の地震断層

一九九五年の兵庫県南部地震（M7.3）では、神戸市を中心に強い地震動によって甚大な人的・物的被害が発生しました。この地震エネルギーの多くは明石海峡を隔てた淡路島の北西岸に存在していた活断層から発生したもので、そこでは顕著な地表地震断層が現れました（**図21・口絵1**）。北淡地震断層系と名づけられた北西岸の地震断層は、陸上部の長さが十一キロメートルで、明石海峡の海底に現れた部分を含めると十五キロメートルであったと推定されています。地震断層系の主断層に沿っては、横ずれを主体とする最大二・五メートルのずれが生じました。また、主断層に近い南西側の山中には、ずれ量が二十センチメートル以下で長さの短い副断層がいくつか出現するとともに、深層崩壊に似た巨大な岩盤のずれも認められました。さらに、地震断層系の南西端付近の長さ三キロメートル区間では、断層線が大きく屈曲あるいはステップしながら発散し

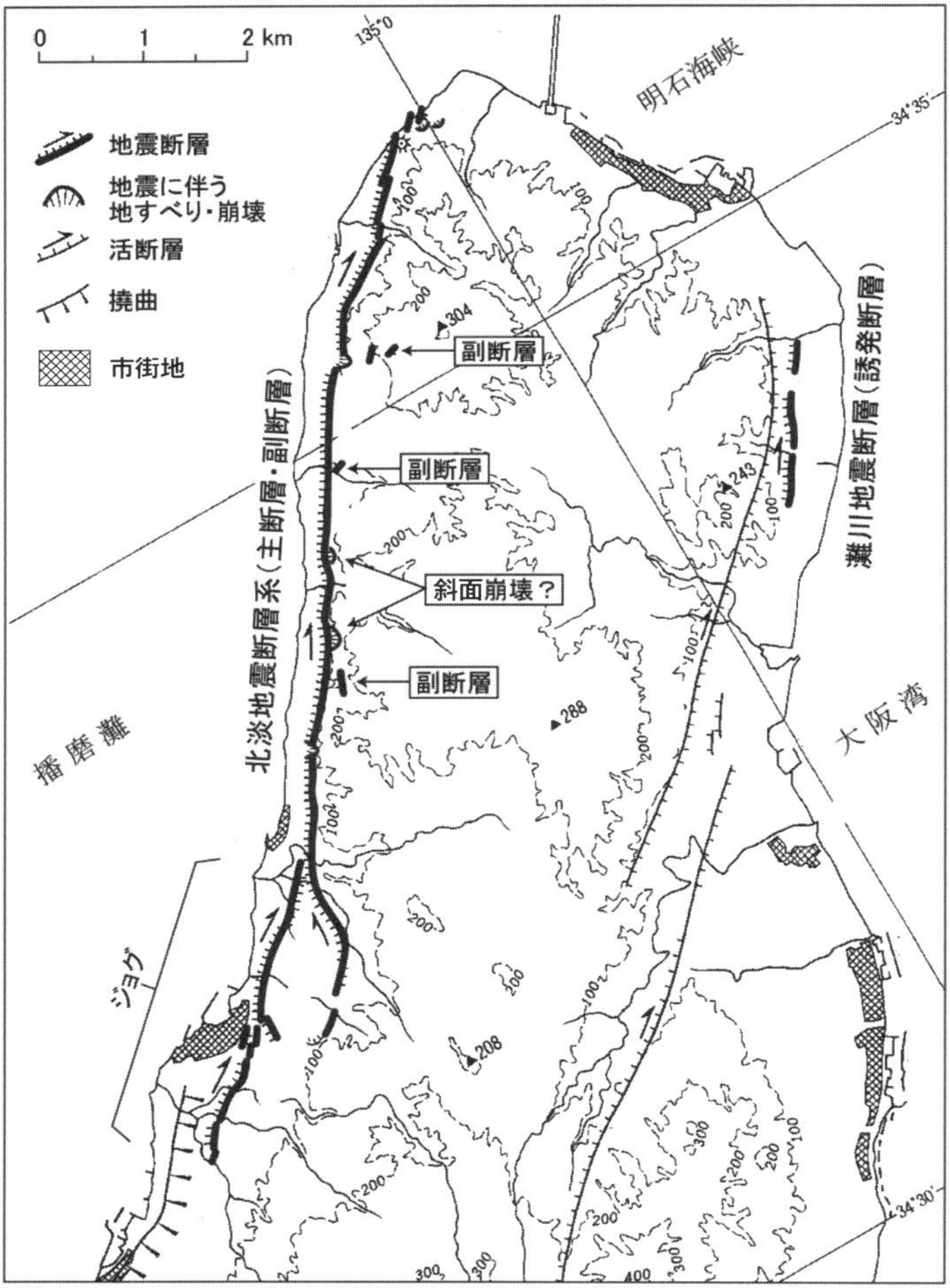

図 21　1995 年兵庫県南部地震の地表地震断層

ています。このような不連続構造は「ジョグ」と呼ばれ、断層に沿った破壊の進展を妨げるものと考えられています。このほか、島の北東岸の採掘場跡地では、長さ一・六キロメートルで最大ずれ量二十センチメートルの、一回り小さな地表地震断層が出現しました。これは灘川地震断層と呼ばれ、主断層から離れた場所で発生した誘発断層とみなされます。

以下では、地表地震断層における主断層・副断層・ジョグおよび誘発断層の一般的な特徴と相互の関係について見てみましょう。

2　主断層によるずれの大きさと形状の特徴

●一回のずれの大きさ

活断層から発生する大地震の規模は、そのときに破壊する断層の長さに比例して大きくなります。では、一回の大地震で地表に出現する断層のずれの大きさは、断層の長さとどのように関係するのでしょうか。一八九一年の濃尾地震（M8.0）では、世界で初めて、地表地震断層が出現した直後に詳しい科学的な調査が実施されました。それ以来今日まで、世界では三〇〇例近くの地表地震断層が報告されてきました（**口絵8**）。**図22**は、世界の地表地震断層について、断層の長さと最大ずれ量との関係を表したものです。データのばらつきは大きいのですが、長さが一〇〇キロメートル程度までの地表地震断層では、断層の長さに比例してずれ量が大きくなることが分かります。しかし、長さが一〇〇キロメートルを超えるような長大な地表地震断層では、ずれ量の増加が頭打ちとなります。ず

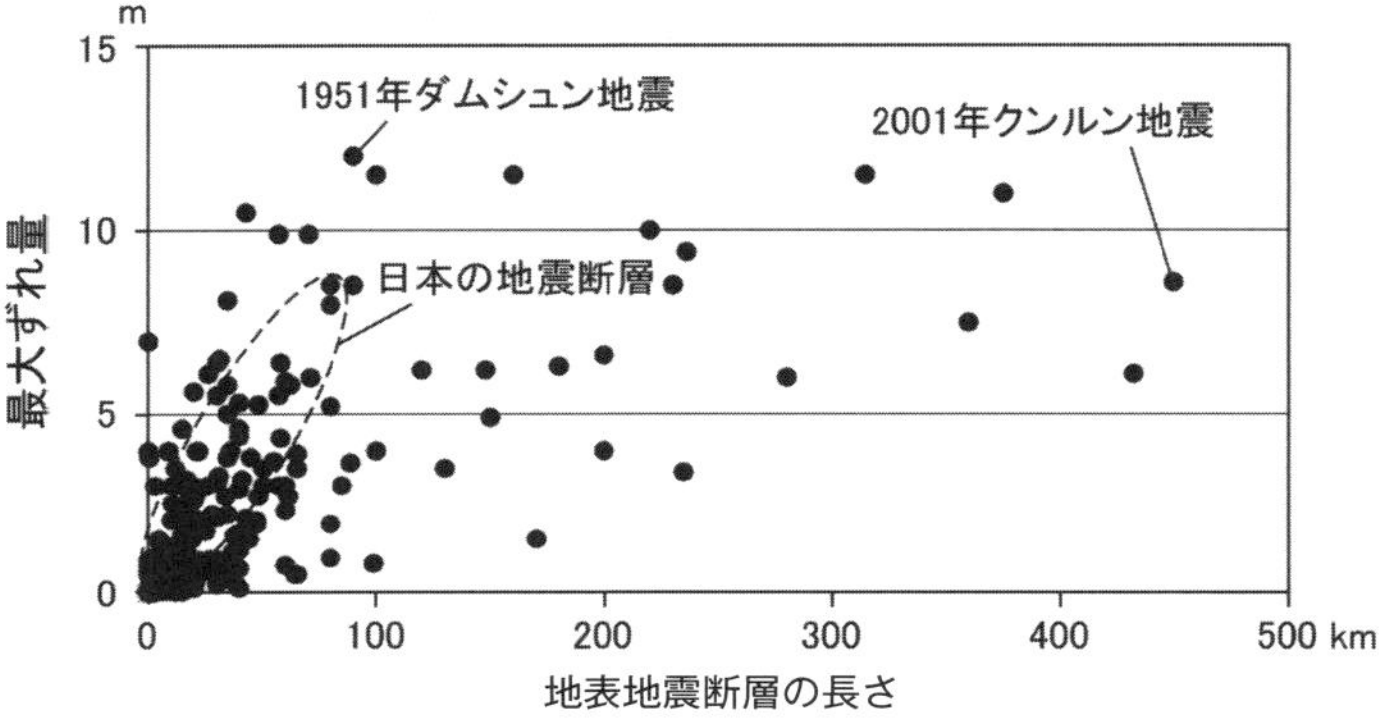

図22 地表地震断層の長さと最大ずれ量の関係（全世界）

れ量が飽和する現象は、地下の震源断層の深さ方向への広がりがおおむね十五〜二十キロメートルまでに限られており、その断層幅で蓄積できる地殻の歪み量に限界があることに起因しています。

最長の地表地震断層は、二〇〇一年に中国青海省で発生したクンルン地震（M7.8）に伴う長さ四五〇キロメートルの断層で、その最大ずれ量は九メートルでした。また、世界最大のずれ量は、一九五一年に中国のチベットで発生したダムシュン地震（M8.0）に伴う長さ九十キロメートルの地表地震断層において、十二メートルが報告されています。いずれも横ずれ型の地震断層です。また、逆断層型としては、一九九九年に台湾で発生した集集地震（M7.7）において、長さが九十キロメートルで最大ずれ量十二メートル近くの地表地震断層が出現しました。日本の地表地震断層としては、濃尾地震に伴う長さ八十キロメートルで最大横ずれ量八メートルが知られており、そのずれ量は世界的に見ても大きな部類に入ります。

日本には多くの活断層が分布していますが、それらを一

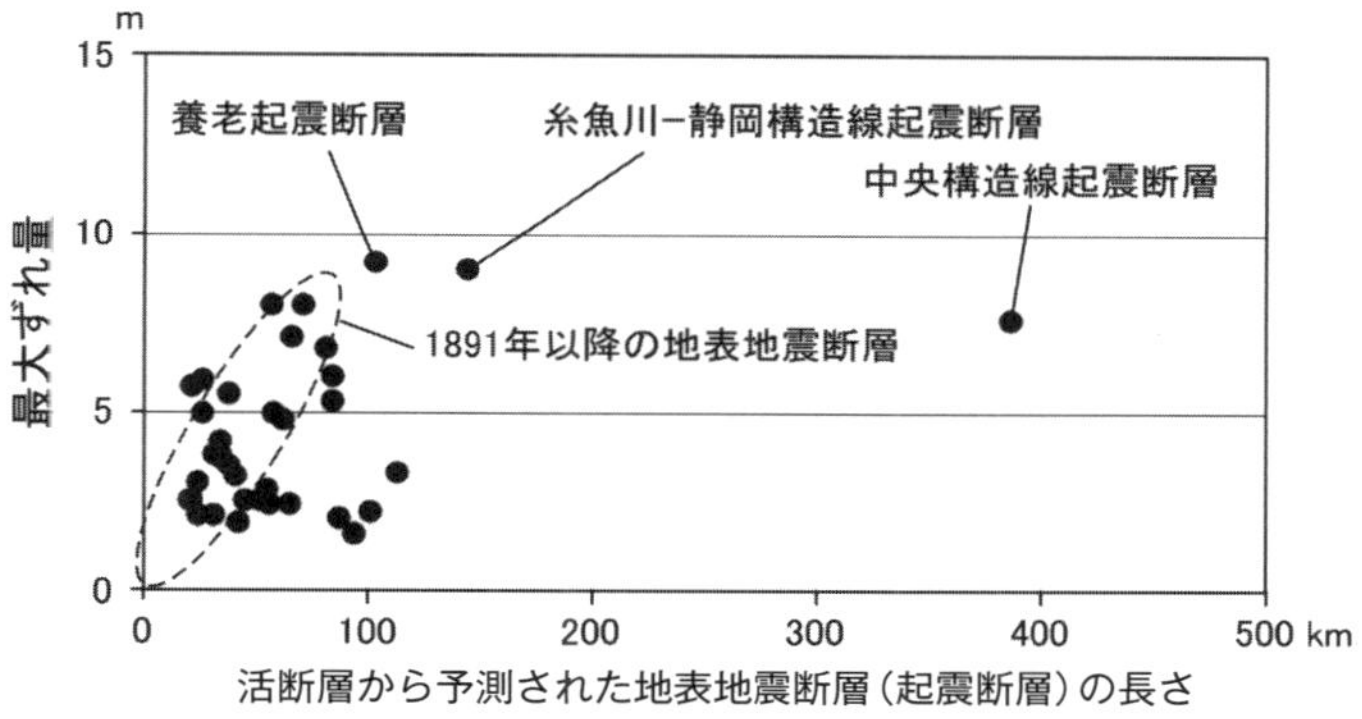

図 23　起震断層の長さとずれ量の関係（日本の活断層）

回の大地震に伴って破壊すると推定される区間として再区分したものを「起震断層」と呼ぶことがあります。**図23**は、「起震断層」すなわち期待される地表地震断層の長さと、地形・地質調査によって解明できた有史以前を含む一回の断層活動に伴うずれ量の最大値との関係を示しています。使用したデータは、起震断層のうち、長さ十キロメートル以上、活動度B級以上（平均変位速度が〇・一ミリメートル／年以上）、つまり、一～数万年に一回以上の頻度でM６クラス以上の地震を発生させると考えられる主要な起震断層についてです。これらの起震断層の全体の数と累積長さは世界中で確認された地表地震断層のそれに匹敵しますが、そのうち約一割についてのみ、一回の活動に伴うずれ量が具体的に解明されています。最長のものは、四国から紀伊半島にかけて分布する長さ三六〇キロメートルの中央構造線起震断層ですが、その有史以前の一回のずれ量は最大で横ずれ約八メートルです。また、活断層で確認されている最大のずれ量は、長野県から山梨県にかけて分布する横ずれ型の糸魚川－静岡構造線起震断層と、岐阜県から三重県にかけて分布する逆断層型の養老起震断層の、それぞれ約九メートルです。ただし、地形・地質調査によって有史以前の一回の断層のずれ量を多くの地点で解明することは困難であり、保存状況がよく調査が容易な地表地震断層の例に比べると、真の最大ずれ量を見落としている可能性が大きいと言えます。一般に、地表地震断層の調査で確認できる最大変位量は、高い頻度で現れるずれ量（最頻値）の一・五〜二倍程度になることが知られています。地表地震断層と活断層での調査精度の違いを考慮すると、日本の活断層で予想される真の最大ずれ量は、世界の地表地震断層の例とほとんど変わらないか、同じ長さの断層で比べるとむしろ大きな部類に入ると考えられます。

ところで、地表地震断層のずれ量は長さに比例すると言っても、大きなばらつきがあります。このばらつきの原因としては、断層の活動性が高くて累積ずれ量が大きい「成熟」した断層では、断層面の強度が低下しているために大きな歪みを蓄積できないからではないか、との考えが有力視されています。すなわち、サンアンドレアス断層や北アナトリア断層のようなプレート境界のＡＡ級の活動度（平均変位速度が十ミリメートル／年以上）をもつ断層と比べて、日本やアジア内陸部の地殻内のＡ級下位〜Ｂ級（平均変位速度が数〜〇・一ミリメートル／年）の活動度をもつ断層の方が、同じ長さの断層であっても一回のずれ量が大きいと考えられています。

●主断層に沿ったずれ量の分布

一回の大地震で破壊する断層の長さは有限です。このため、一回のずれ量は断層の両端部では必ずゼロとなります。そこで、断層に沿った変位量分布の特徴を見てみましょう。

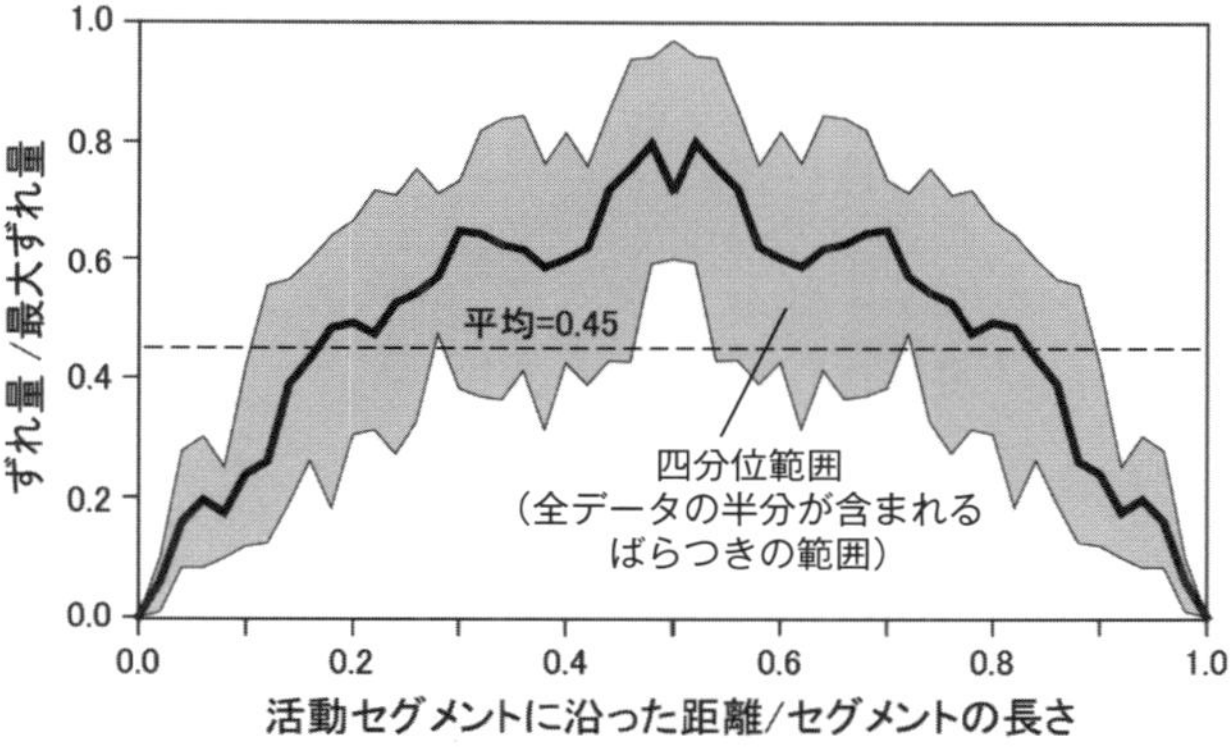

図 24　地表地震断層に沿ったずれ量の分布パターン

多くの大地震では、複数本の断層が連動して破壊します。この際に破壊の基本単位となる断層の区間を、「活動セグメント」と呼ぶことがあります。活動セグメントは、過去の活動履歴の違いや、地表での断層線やずれ量の不連続、あるいは地下の震源断層で推定されるずれ量の不連続に着目して分割されます。つまり、活動セグメントは、地殻の歪みを開放して大地震が起こる際の基本単位であると言えます。日本の活断層は、長さが概ね数十キロメートル以下の活動セグメントに区分でき、一回の大地震で破壊する区間である起震断層は一つもしくは複数の活動セグメントから構成されています。Ｍ７以上の大地震では、このような活動セグメントの複数個が、連動して破壊することが一般的です。

図 24は、横ずれ型の地表地震断層を活動セグメントの単位に区分したときの、セグメントに沿ったずれ量の分布パターンを表しています。一般的に、断層のずれ量は長さに比例することから、長い活動セグメントほど大きなずれ量を持っています。そこで、規模の異なるセグメントどう

しを比較するために、セグメントの長さを五十区間に分割して、各区間でのずれ量をセグメント全体の最大ずれ量との比で正規化して表してあります。データのばらつきはやや大きいのですが、セグメントの長さの六～七割に相当する中央区間では一様にずれ量が大きく、最大値の五～七割程度であることが読み取れます。また、断層の両端付近のそれぞれ一・五～二割程度の長さの区間では、末端に向かって急にずれ量が小さくなることが分かります。

●断層変位が出現する幅と未固結堆積層の厚さ

基盤岩の中では一枚の断層面で生じるずれも、地表付近が未固結の堆積物で覆われている場合にはずれが拡散して幅広い断層帯を出現させます。兵庫県南部地震で淡路島に出現した横ずれ型の地表地震断層の例では、花崗岩と中新世の堆積岩からなる基盤岩が直接地表に露出している尾根では幅が数十センチメートル以下と狭いのですが、その直近にあっても、基盤岩を覆って斜面堆積物や段丘堆積物が厚く分布する地域では三十メートル近くにまで広がっていました。

断層のモデル実験によれば、基盤岩と表層の未固結堆積物の堅さのコントラストが大きい場合には、横ずれ型や断層面の傾斜が三十～六十度程度の逆断層型の地表地震断層では、堆積物の厚さの一～二倍程度の範囲が断層帯となり、その幅は堆積物が厚いほど、また断層面の傾斜が大きいほど広くなることが知られています。また、正断層では基盤岩中の断層の傾斜によらず、基盤岩上面の断層直上に、比較的に狭い範囲にずれが集中し、断層帯の幅は未固結被覆層の厚さと同じ程度かそれ以下であることが知られています。

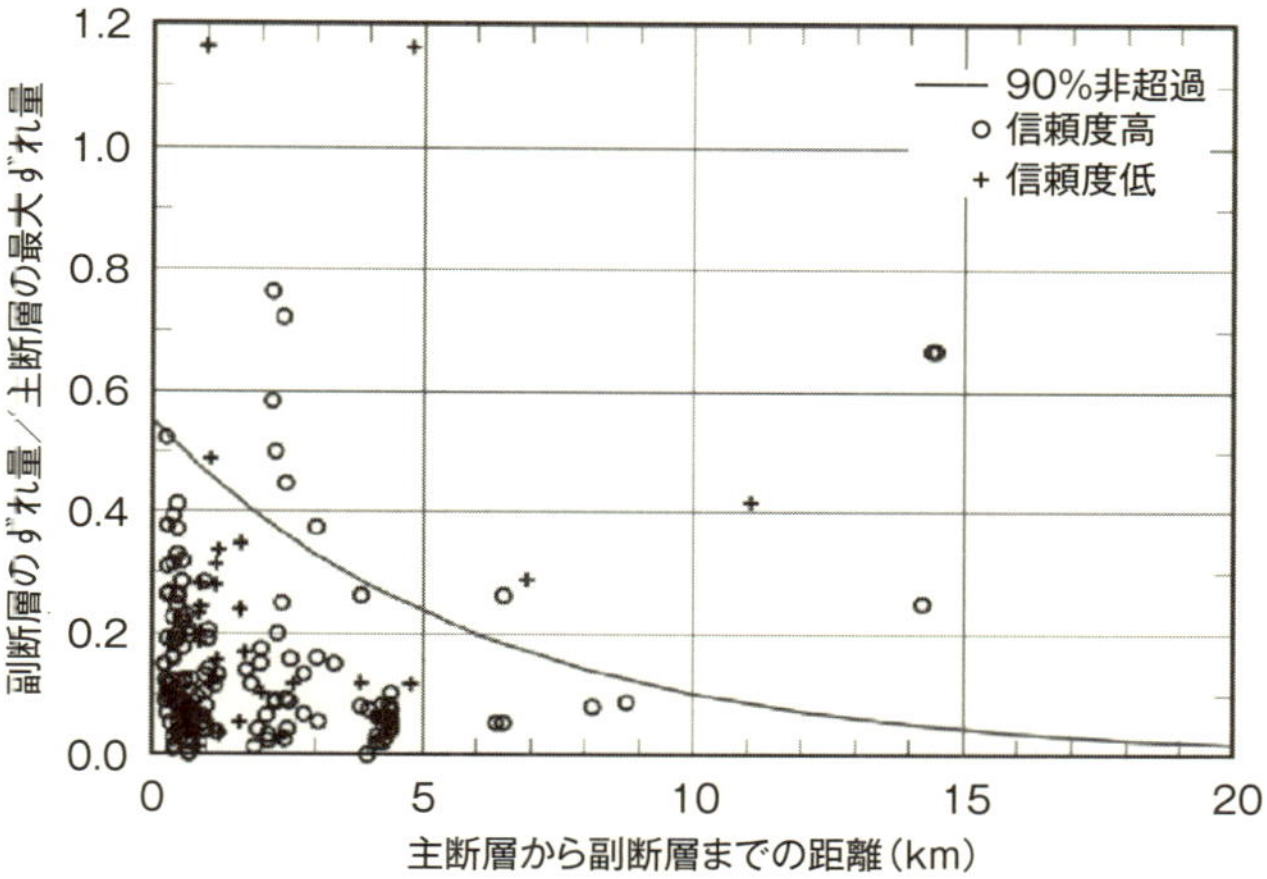

図 25　主断層と副断層の出現距離と規模の関係（出典：高尾　誠・土山滋郎・安中　正・栗田哲史「確率論的断層変位ハザード解析手法の日本における適用」『日本地震工学会論文集』Vol.13，No.1，2013，pp.17-36）

3　主断層と副断層・ジョグの密接な関係

●主断層と副断層の規模の関係

図25は、日本の地表地震断層を例にして、主断層から副断層までの距離と、主断層の最大ずれ量に対する副断層のずれ量の関係を示したグラフです。このグラフでは、主断層から離れるにしたがって副断層のずれ量は相対的に小さくなり、その出現数も少なくなることが明瞭です。主断層から二〜五キロメートル以内の地域では副断層の出現数が多くずれ量も相対的に大きいのですが、五〜十キロメートルの範囲では出現数が少なくずれ量も主断層のそれの一〜二割程度と小さくなっています。また、主断層周辺での地殻変動は断層からの距離とともに急に小さくなることから、断層のずれに伴う地殻の大きな歪みが副断層のずれを発生させる主な原因と考えられます。距

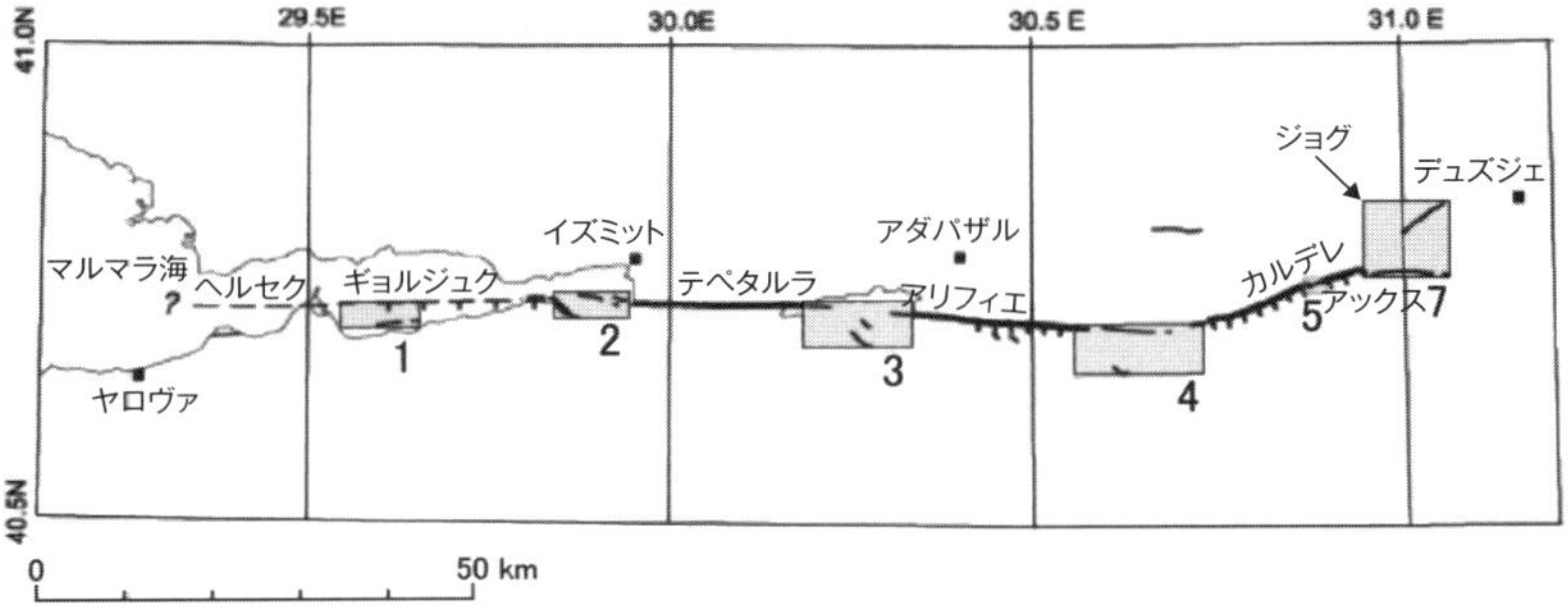

図 26　1999 年イズミット地震断層に見られる不連続構造

離十五キロメートル付近にはやや変位量の大きな副断層が出現していますが、地震発生層の厚さが十五〜二十キロメートル程度であることを考えると、それらの断層は別の活動セグメントの主断層である可能性が高く、副断層として扱うことは適切でないかもしれません。

●横ずれ断層に沿った主断層とジョグの規則的な配列

横ずれ型の地表地震断層では、断層の長さ方向に断層の出現形態が規則的に変化することがしばしば認められます。その典型的な例が、一九九九年にトルコのイズミット地震で出現した地表地震断層に見ることができます（**図 26**）。この地震断層は全長が一四五キロメートルですが、長さ十五〜三十五キロメートル程度の活動セグメントに区分できます。それぞれのセグメントの境界付近には、断層線が屈曲やステップを示すとともにずれ量の分布が不連続となる長さ数〜十数キロメートルで幅数キロメートルの地域が広がり、ジョグが形成されています。ところで、「ジョグ」という言葉には「軽い揺れ」とともに「ゆっくり走ること」という一般的な意味があります。断層破壊の数値シミュレーションによると、断層面が不連続となる箇所では破壊の伝わる速度が遅くなることが知られており、この呼び名は言い得て妙です。

断層セグメントの主部は、概して一本の直線的な断層線から構成されており、変位量も比較的によく揃っています。しかし、詳細な調査に基づいた大縮尺の断層図を見ると、主部の区間においても数キロメートルごとに断層線が小さく途切れたり、屈曲したりすることがあります。イズミット地震の地震断層の例では、長さ五～七キロメートルごとに長さ数百メートル～二キロメートル、幅数十～二〇〇メートル程度の小さなステップが規則的に分布していました。

大規模な横ずれ型の地表地震断層では、長さ数十キロメートルの活動セグメントが連動破壊したものであり、それぞれの活動セグメントも長さ数キロメートル程度の小規模な断層区間に分割されている例が多いことが、最近の詳しい調査で分かってきています。このように、ある形状の一部分を取り出して拡大すると一回り小さな同じ形状になっている構造は、入れ子構造あるいはフラクタル構造と呼ばれ、地震規模の分布や断層形状の特徴として古くから注目されてきました。さらに、室内での岩石の破壊実験においては、ミリメートル規模の微小な断層が複数個連なって一回り規模の大きな断層となり、入れ子構造を積み重ねながら断層が成長していくことが発見されています。

入れ子構造が断層の本質的な特徴とすると、一本の断層に沿っては、狭い範囲の断層線にずれが集中する区間と、やや広い範囲の断層帯に変位が発散する区間とが規則的に繰り返すことになります。

図27は、地表地震断層の調査や岩石破壊実験の結果に基づいて、標準的な長さ二十キロメートルの横ずれ型の活動セグメントについて、その内部構造が三ランクの入れ子構造になって組み合わさって

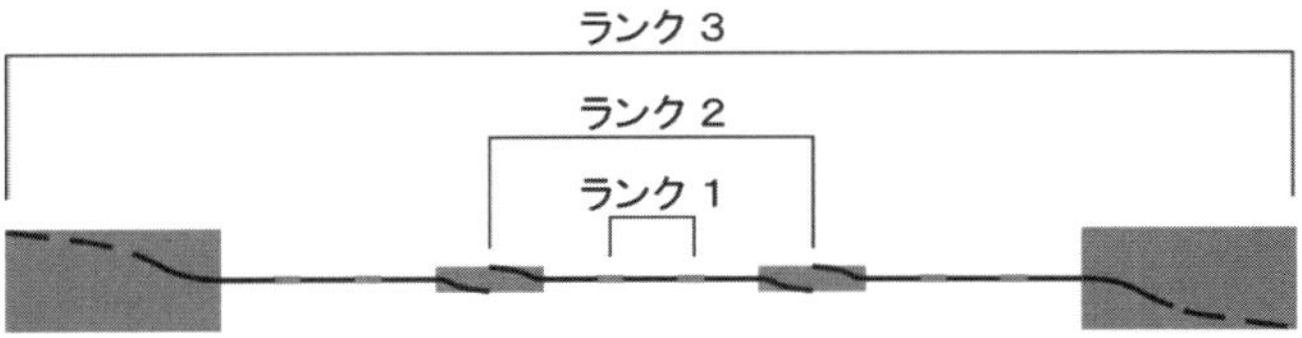

図 27　横ずれ断層の入れ子構造の模式図

いる状況を模式的に表現したものです。この図からは、主断層に沿って副断層あるいはジョグが現れる場所が大小を交えて規則的に分布することが読み取れます。現実の断層の形状はもっと複雑ですが、このような特徴を踏まえることによって、より適切な調査と評価が可能になります。

●逆断層・正断層型の主断層と副断層

逆断層型および正断層型の地表地震断層では、主断層の変位に伴う地殻の歪みによって、傾斜した断層面の上盤側を中心に広い範囲で副断層が形成されます。横ずれ型の断層では、平面で見たときに末端部に向かって断層が拡散しますが、逆断層・正断層では断面で見たときに地下深部から地表に向かって断層が拡散する形になります。

活動的な逆断層の多くは、比較的新しい時代の堆積岩が厚く分布する地域に発達しています。このような逆断層が大地震に伴って活動した事例はわずかしかありません。一九八〇年にアルジェリアで発生したエルアスナム地震（M7.1）では、断層の上盤側の地表に幅約二キロメートルのたわみが生じて、多数の小断層が現れました。また、秋田県の日本海沿岸に発達する逆断層型の活断層の一つである能代断層帯では、最大幅五キロメートルの変形帯が形成されており、その上盤側背後には共役性の副断層が分布しています（**図**

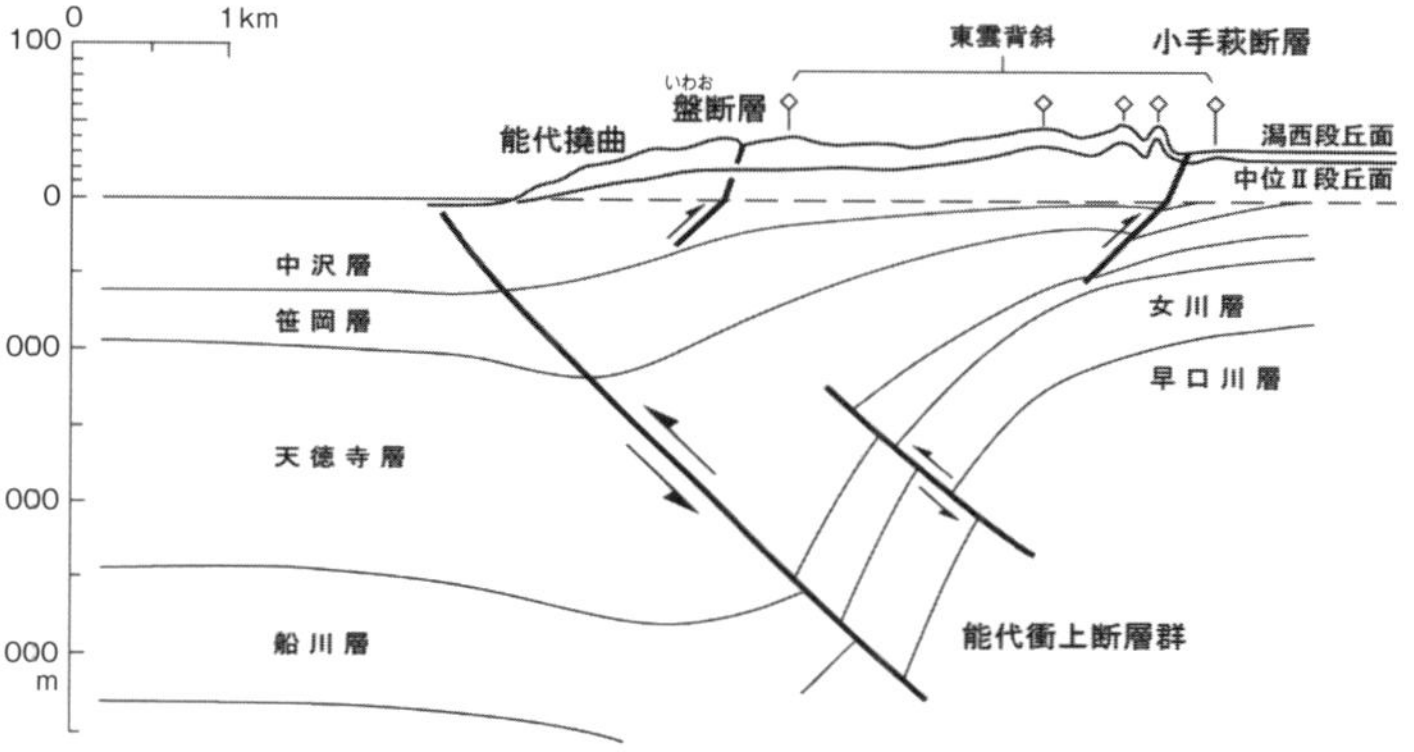

図 28　逆断層型活断層による地表変形の特徴

28）。この変形帯や副断層は、第四紀更新世後期の複数の段丘面を累積的に変位・変形させていることから、主断層と一体となって活動を繰り返してきたものと考えられます。このような逆断層においては、主断層ではたわみを主体とする幅広く緩やかな変形が、また副断層では規模が小さいものの明瞭なずれや急な変形が生じることになります。

二〇一一年三月十一日に発生した東北地方太平洋沖地震（M9.0）の約一か月後に、福島県の浜通り地方でM7.0の正断層型の地震が発生しました。この地震では長さ十四キロメートルで最大上下ずれ量二・一メートルの地震断層が現れ、これと向き合う共役断層として数～十キロメートル離れた上盤側に、長さ十六キロメートルで最大上下ずれ量〇・八メートルの地震断層が出現しました。二本の主断層に挟まれた地域はそれぞれの正断層の上盤側に当たりますが、人工衛星に搭載された合成開口レーダーによる地震前後の測地結果の解析によれば、そこでは二十センチメートル以下の小さなずれ量をもつ副断層が多数出現したことが判明しました（**口絵9**）。一九五四年に米国ネバダ州で相互に四分あまりの間隔をおいて発生した正断層型の双子地震、フェアビューピーク地震とデキシーバレー地震では、それぞれの主断層の上盤側において、最大で五～六キロメートル離れた距離にまで副断層が出現しました。また、二つの地震断層の主断層どうしが平行して分布する地域では、最大幅十キロメートルに広がって多くの地震断層が出現しました。このように、正断層型の地震断層では、基盤岩中では幅広い範囲に副断層が生じる特徴があります。また、岩盤や堆積層の引張強度は圧縮強度やせん断強度よりも小さいことから、正断層によるずれは量が小さくても引張亀裂として明瞭に現れやすい傾向があります。

●断層のずれに伴う慣性力と斜面の動き

大地震による強い揺れに見舞われた斜面では、地盤が不安定になって地すべりや山崩れ、崩落などの斜面災害が発生します。斜面を構成する地盤は、普段は鉛直方向の重力によって安定しているのですが、地震動による加速度を受けたときに地震慣性力が作用し、不安定となってすべり落ちるものです。特に尾根など凸状の地形では、地震動が大きく増幅される効果もあって斜面災害が起こりやすくなります。

一九九五年兵庫県南部地震では、地表地震断層の上盤側に当たる花崗岩の山地において、主断層から最大約四〇〇メートルまでの範囲で規模の大きな斜面災害が発生しました（**図21**）。それらの斜面災害は、大きく二つのグループに分けられます。一つは、主断層に沿った比高一〇〇～二〇〇メートルの断層崖地形の三角末端面において、表層の堆積物や風化した岩盤だけが地すべりを起こしたものです。これは、三角末端面の基部に上下成分を伴う地表地震断層が出現したことで、持ち上げられた斜面が不安定になったことも一因となっています。もう一つは、三角末端面に続く急峻な尾根の頂部付近にあって、比較的新鮮な花崗岩からなる岩盤にまで深く及んでいる円弧状の断裂です。こちらは、深層崩壊の初期段階にも似ていますが、断層崖側が低下する正断層成分と併せて右横ずれ成分を持つことが特徴です。また、断裂の全長が一〇〇メートル程度と短いにもかかわらず、ずれ量は最大一メートル（正断層成分、横ずれ成分ともに〇・六〜〇・七メートル）と、副断層と比べて一回り大きな値をもっています。

後者の深層崩壊に似た岩盤の動きは、前者の地すべりとは異なり、断層崖地形の最大傾斜方向にずれる成分とともに断層とほぼ平行する方向の横ずれ成分を持つことが特徴です。横ずれ成分は、円弧状の断裂によって切り取られた地塊を、相対的に北東方向に動かす向きに働いています。この動きは、主断層の右横ずれによる周囲の岩盤の動きとは反対向きであることから、主断層の横ずれに伴う慣性力が作用した可能性が考えられます。

4　誘発される断層のずれ

●大地震に伴う地殻変動と揺れが誘発する地震断層

大地震による地殻変動や強い揺れは、断層の応力状態に変化をもたらし、主断層から遠く離れた場所に断層変位を誘発させることがあります。

二〇一一年東北地方太平洋沖地震は、プレートの沈みの伴う低角度の逆断層型の超巨大地震でした。この地震が引き起こした地殻変動の歪みは東日本の広範囲に影響を及ぼし、活断層の応力状態が変化して多くの誘発地震を発生させました。阿武隈山地の南東部では、地殻の東西圧縮力が緩和されたために活発な正断層型の地震活動が誘発され、先述の福島県浜通りの地震では明瞭な地震断層が出現しました。この地域での活発な正断層型の地震活動は、五年以上が経過しても終息していません。

大地震による揺れが遠く離れた断層に影響を与えてずれを誘発したと考えられる例も少なくありません。米国カリフォルニア州南部に位置するサンアンドレアス断層系の一部では、一九六八年以降に、二十～二〇〇キロメートル程度離れたさまざまな場所で発生した九回の地震(M5.6～7.3)に伴って、わずかな断層のずれが地表に現れたことが確認されています。ずれが誘発される断層の区間は概ね同じで、その規模は、長さ数～五十四キロメートルで、変位量は最大で二十五ミリメートルでした。トルコの北アナトリア断層系でも、一九九九年イズミット地震(M7.4)に伴って、主断層から数～最大二十キロメートル離れたいくつかの場所で、既存の活断層沿いに二十センチメートル以下の小さな断層のずれが現れたほか、主断層の末端から一五五キロメートル離れた場所でも数センチメートルの断層のずれが見つかっています。

このような誘発断層の出現事例は、プレート内の大地震に伴っても報告されています。例えば、米国のロサンゼルス近郊で発生した一九九四年ノースリッジ地震(M6.7)では、震央から約二十五キロメートル離れた地点で長さ約六〇〇メートルにわたって逆断層型の地表地震断層が出現し、そのずれ量は最大で上下に十九センチメートルでした。二〇〇四年の新潟県中越地震（M6.8）では、本震の震源や大きな地殻変動が観測された地域から離れた既存の活断層に沿って、小規模なずれを伴う逆断層型の地表地震断層が約十キロメートル区間で断続的に出現しました。そのうち、連続性の良い地震断層は長さ一キロメートル、最大のずれは上下方向に二十〜三十センチメートルでした。中越地震の地震断層については、本震を発生させた地下の震源断層に連続する断層面上に出現したとする説と、震源断層とは別の活断層の断層面上に出現したとする説が出されています。いずれにしても、主断層から下盤側に六〜七キロメートル程度離れた場所に誘発された断層変位と考えられます。

●大規模な採掘が誘発する断層

断層の応力状態に変化を及ぼす原因は自然現象だけではありません。人間の活動が地震を誘発させる例として、地下深部への流体の注入や、大規模ダムの建設に伴って地震が誘発される例がよく知られています。これは、地下に浸透した流体が断層面の強度を低下させることで地震を誘発させるものと考えられています。これに加えて、大規模な土石の採掘による上載荷重の除去も、断層のずれを誘発させるほどに影響が大きい場合もあり、地盤の安定性の観点から注意する必要があります。

兵庫県南部地震では、淡路島の北西岸に野島地震断層が出現しましたが、同時に島の北東岸の大規模な埋め立て土石の採掘場跡地にも、長さが一・六キロメートルで最大上下成分約二十センチメートルの小規模な断層のずれが地表に現れました（図21の灘川地震断層）。この地震断層の出現位置とずれの向きは既存の活断層とは異なり、合成開口レーダーの観測によれば付随する地殻変動域は極狭い

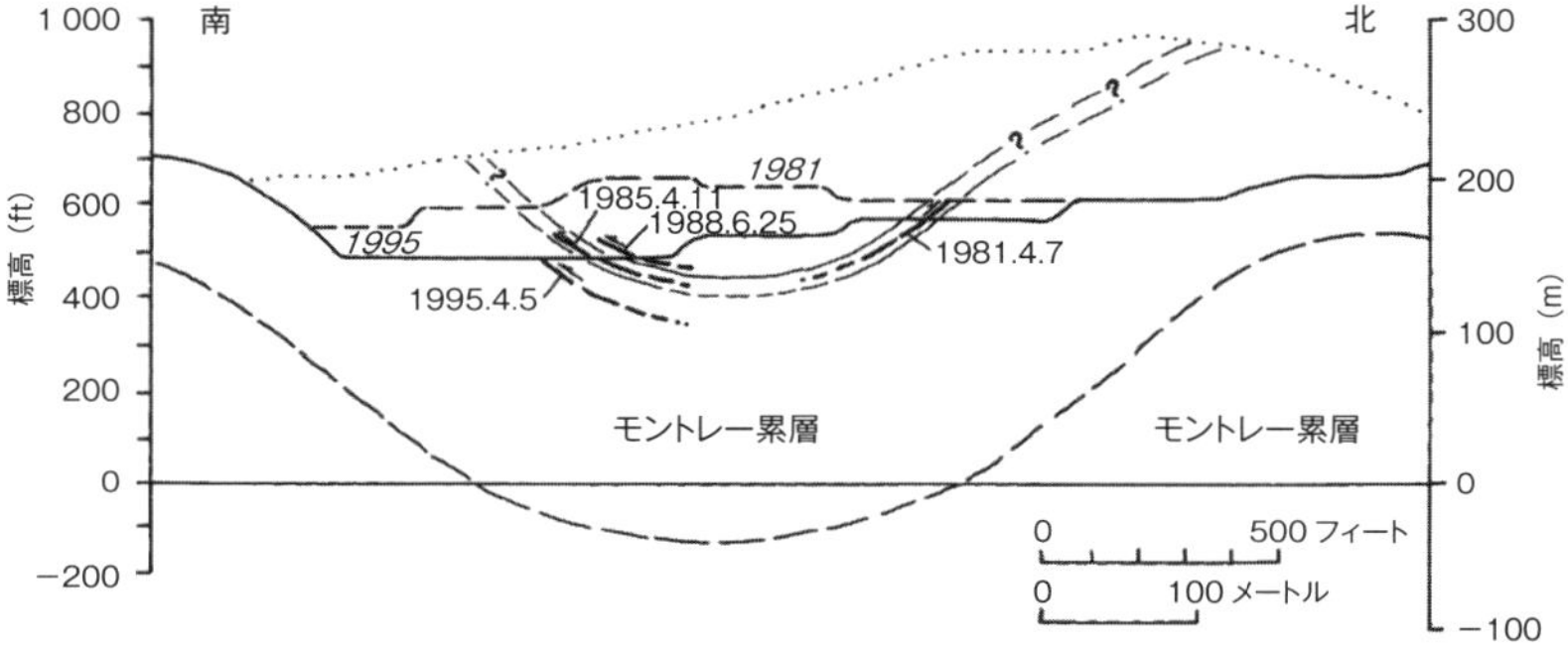

図 29　ロンポック採掘場に出現した誘発断層群の断面図
（出典：Sylvester, A.G. and J. Heinemann, Preseismic tilt and triggerd reverse faulting due to unloading in a diatomite quarry near Lompoc, California. Seismological Research Letters, Vol. 67, No. 6, 1996, pp.11-18.）

範囲に限られていました。また、採掘場跡地では地震の以前にも断層によるずれが少なくとも長さ三五〇メートルにわたって地表に出現していました。これらのことから、灘川地震断層が現れた主な原因は人為的な荷重除去であり、兵庫県南部地震による強い揺れが断層のずれを出現させる引き金になったという、二重の誘発が関係したと考えられます。

人為的な荷重除去が断層のずれを誘発したものとしては、米国カリフォルニア州ロンポックの珪藻土採掘場の事例が注目されます。ここでは、一九八一年にM2.5の地震を伴って、長さ五七五メートル、ずれ量が最大二十五センチメートルの断層変位が現れました。その後も同採掘場では、一九八五年、一九八八年および一九九五年に同規模の断層のずれが確認され、このうち、一九九五年に現れた断層のずれに伴ってM2.3の地震が観測されました（**図29**）。いずれも、採掘に伴う数十メートルの盤下げの直後に断層が出現しています。

大規模な土石の採掘に伴って土地が緩慢に隆起することや、鉱山での掘削に伴って小さな地震が誘発されることは以前から知られています。淡路島北東岸やロンポックの採掘場での事例は、採掘による上載荷重の除去が断層のずれの主な原因になったと考えられます。また、ロンポック採掘場での一連の現象は、同じ条件で地殻に応力変化を与え続けると同じ規模の断層のずれや地震が繰り返し発生したことで、断層の活動を予測する観点から大いに注目されます。

5　断層のずれの予測と地形・地質学にまつわる不確実性

●断層のずれの予測

日本においては、長さが二十キロメートル程度以上でＢ級以上の活動度を持つ断層、言い換えると、Ｍ７程度以上の大地震を数万年よりも短い間隔で発生させる能力を持つ断層については、過去の断層活動の履歴に基づいて将来の発生を経験的に予測する手法が適用されてきています。この手法は、①断層には過去数十万年間にわたって定常的に応力が加えられ続けており、②一定の応力値に達したときに断層がずれ動き、③そのときのずれ量はいつも概ね同じである、との前提に基づいています。

断層のずれによる構築物への影響は、断層の直上にあるものや断層面をまたぐものに限られることから、ずれの出現場所と大きさを的確に予測できれば事前に回避することが可能です。そこで大きな問題となるのは、断層の構造的な複雑さと調査にまつわる不確実性です。

断層の構造的な複雑さは、断層のタイプによって特徴が異なります。横ずれ断層では大小のジョグが入れ子構造をなして配列します。逆断層では主断層によるずれが幅広いたわみとなって現れることが多く、やや離れた場所に共役性の副断層によるずれが生じることがあります。正断層ではその上盤側に多くの副断層を伴うことがあり、地表でのずれは逆断層と比べて明瞭です。いずれのタイプにおいても、副断層やジョグによってずれが現れる断層帯や変形帯の幅が広くなることは、ずれの影響を受ける範囲が広くなるという反面、個々の地点での影響の程度が小さくなることも意味します。これらの特徴を考慮することは、限られた地点での調査結果を評価するときだけでなく、調査計画の立案にあたっても重要となります。

●ずれ予測の認識論的不確実性

断層活動の歴史は地層や地形に記録されますので、最近数万年間の地層が保存されている平野や段丘地域では、原理的にはそれらの断層活動の将来予測が可能です。しかし、断層活動は地殻強度のばらつきや周囲の断層活動による影響によって、繰り返しの規則性に本質的なばらつきが生じます。さらに、地層や地形は時間的にも空間的にも大きな不連続を伴って形成・保存されることや、地中に埋もれた情報を発掘する必要があることから、調査の限界に起因する情報不足がつきまといます。前者によるばらつきは「偶然的不確実性」、後者によるばらつきは「認識論的不確実性」と呼ばれます。

古い地形ほど保存が悪く、あるいは古い地層ほど地中深くに埋没していることから認識論的不確実性が大きくなります。例えば、日本での平均的な丘陵や山地の侵食速度は〇・一～一ミリメートル／

年ですので、活動度が低いＢ級活断層の一部やＣ級活断層の地形的な痕跡は、時間とともに累積して大きくなることなく侵食によって失われていきます。活動性の高い断層であっても、主断層の末端付近や、関連する副断層・誘発断層は一回の断層変位量が小さいために不明瞭となり、あるいは認知することが不可能となります。一方、活動度の高い活断層では、主断層の末端まで明瞭に認識できることになります。しかしながら、活動セグメントの区分や、セグメント間の連動破壊のしやすさの目安となるジョグ形状によっては、複数の活動セグメントがつながって見えてしまい、実際よりも長い活動セグメントや起震断層、大きな断層のずれを予測してしまうことも起こり得ます。このように断層のずれの予測には、不確実性が常につきまとっていることを認識する必要があります。

６　まとめ

本章では、主に地表地震断層を例として断層のずれの特徴を見てきました。これに対して、将来に発生する断層のずれを予測するためには数百年～数万年前に起こった断層のずれの痕跡である活断層の調査が必要となります。原子力発電所の規制基準で求められているような過去十二・五万年の長期間に断層が活動したかどうかの判断が必要な場合、あるいは小さな断層のずれが問題とされるような場合には、断層地形の明瞭さのみから活断層の有無を判断することは手法の限界を超えているかもしれません。社会的・工学的に求められている安全目標に対して、用いられる調査手法が十分な検知能力を有しているかどうか、検証することが不可欠です。

コ｜ラ｜ム　断層と神話

ギリシャのデルフィ（Delphi）は、古代ギリシャ世界においては、神々の神託を得られる重要な聖地とされていた。デルフィの神殿は、大地が裂けてできた割れ目の上に、紀元前８世紀頃、最初に建てられたとされる。人々は神殿の中で、ピュティアと呼ばれる巫女が、アポロン自身の言葉が乗り移ったとされる訳の分からないことを言うのを聞き、神官の助けを借りてその言葉を神託と解釈したらしい。紀元２世紀のローマ時代になって、デルフィの神官と関わったプルタルコスは、「地面から発生する甘い香りの気体が、ピュティアを心的な精神錯乱状態に導いた」ことを伝えている。現在残っている神殿の跡には、このような香気や大地の割れ目は認められず、恍惚状態の巫女による神託は、伝説の世界の出来事と考えられてきた。

しかし、1989 年以降、神託の割れ目についての地質学的な新しい事実が明らかになった。まず、神殿の地下では二つの断層が交わっており、さらに、神殿の基盤をなす石灰岩には、メタン、エタン、エチレンなどの軽い炭化水素が付着していることが確認された。エチレンには甘い芳香とともに麻酔作用などがある。そのため、地下で形成されたこれらの炭化水素が、断層の割れ目に沿って上昇し、神殿の中に充満したガスを吸った巫女がトランス状態になった可能性があることが結論されたのである。

デルフィの周辺は地震が多く、またアポロン神殿は断層運動によって形成された急崖の直下にある。古い神殿は紀元前 373 年の地震により破壊され、現在の神殿跡はその後再建されたもので、神殿の下を走る断層も、地震による崩壊土砂によって覆われてしまったらしい。

第4章

地震断層が引き起こす災害

1　最初に揺れ、次に変形

震源断層のどこかで破壊が始まると、その破壊は高速で周囲岩盤内に広がっていきます。この破壊伝播速度は、普通、地震の大きなエネルギーを伝える横波（S波）の速度の七十パーセント前後であると言われています。ですから破壊面が地表に達し、それが地表地震断層として現れる前に強い大きな揺れが観測されることになります。したがって地震断層の真上に、あるいはすぐ近くにある構造物は、最初の強い揺れに襲われ損傷したあとで、断層変位の影響を受ける可能性があります。

さらに場合によっては、地震から数か月、数年を経て断層沿いに現れる斜面崩壊の土砂で埋め尽くされることもあるのです。つまり時間軸上でさまざまな事象が起こり得ることを含めて道路や橋梁など社会基盤施設の対応を考えなければならないのです。断層のずれに付随する出来事がどのような順番で起こって、どんな被害を引き起こしたのか、過去の事例を振り返ってみましょう。

●構造物が壊れる順番

一九九九年九月二十一日に台湾で起こった集集地震では九十キロメートルにも及ぶ長さの地震断層（車籠埔断層）が地表に現れ、その上下方向の食い違いは断層北端に近い石岡では十メートルにも達しました。ビルの三階分にも達する変位です。この結果、断層に沿うダムや橋など多くの社会基盤施設が破壊されました。地震発生当時に建設中だった高速道路三号線は、この車籠埔断層を四か所で横切っていました。そのうち最北部にある包頭山では、断層の北東側にあった高速道路本線の高架部と取り付け道路橋梁の二百本以上の基礎杭が地盤とともに上下方向に約一メートル、水平方向には二メートルほど南西側の地盤に対してせり上がりました。

私たちは、台湾大学、（財）台湾営建研究院の協力をいただいてこの場所の調査を行うことにしました。まず地面に七本の深い孔をあけるボーリング調査を行いました。これらの孔から採取された土を調べると上盤側の地表面近くの十メートル前後には、硬いシルト質砂層がありました。シルトとは砂より細かく、粘土より粒子の粗い土のことです。この表層の下に均質な粘土層が楔のように入り込んでいます。一方、断層を挟んで反対側の下盤側は大半が砂利や玉石が多い礫層でした。まったく異なる層が断層を挟んで接していることになり、これまでにこの断層が何度もずれ動いた結果だろうと考えられます。この地盤上で建設中だった高速道路橋脚の基礎杭が今回の地震で上下約一メートル、水平約二メートルの断層変位を受けたのです。基礎杭のあるものは出来上がった橋脚を支え、あるものはまだ何も支えていない状態でした。

地震後、各橋脚位置直下の基礎杭からコンクリートのコアが採取され、それらの調査が行われました。採取されたコンクリートのコアを綿密に調べますと所々にコアを横断する亀裂が入っていました（**図30**）。上盤側にあった、何も支えていなかった杭では、亀裂は、もっぱら表層の硬いシルト質砂層とその下の粘土層の境に集中していたのに対し、すでに出来上がった橋脚を支えていたものでは、さらに杭の一番地表に近い部分（杭頭部）に集中して亀裂が認められたのです。その理由を推理してみましょう。

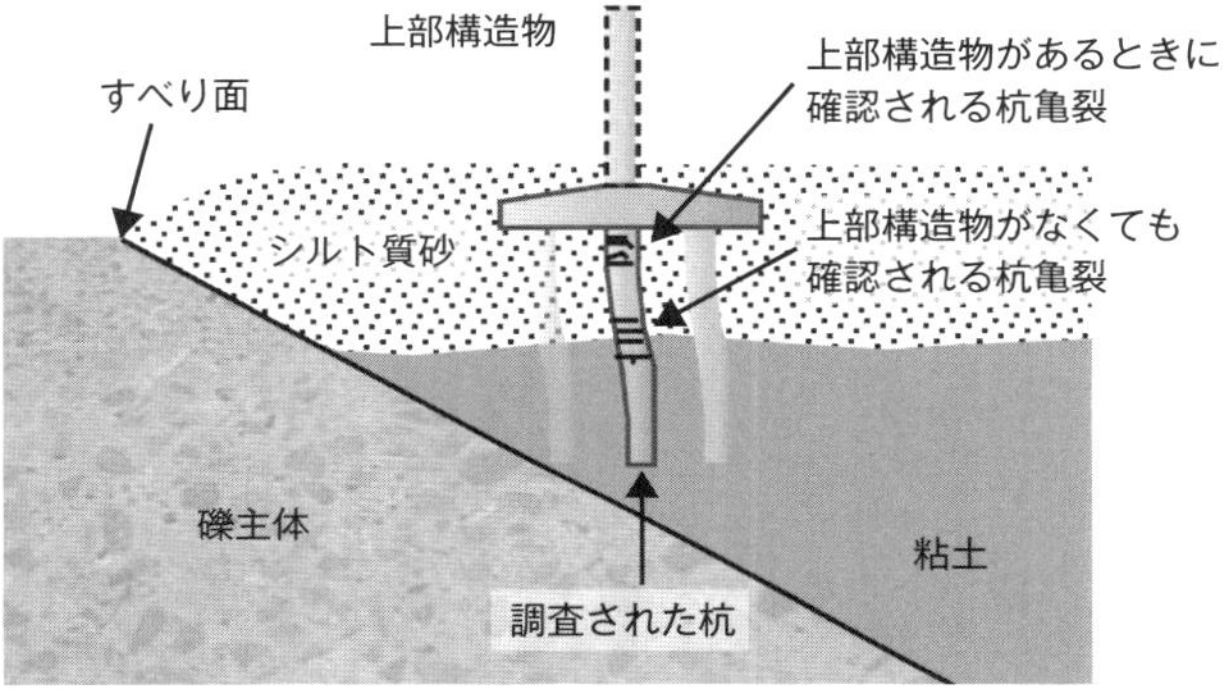

図 30 断層を横切る高速道路基礎杭に生じた亀裂位置の概念図

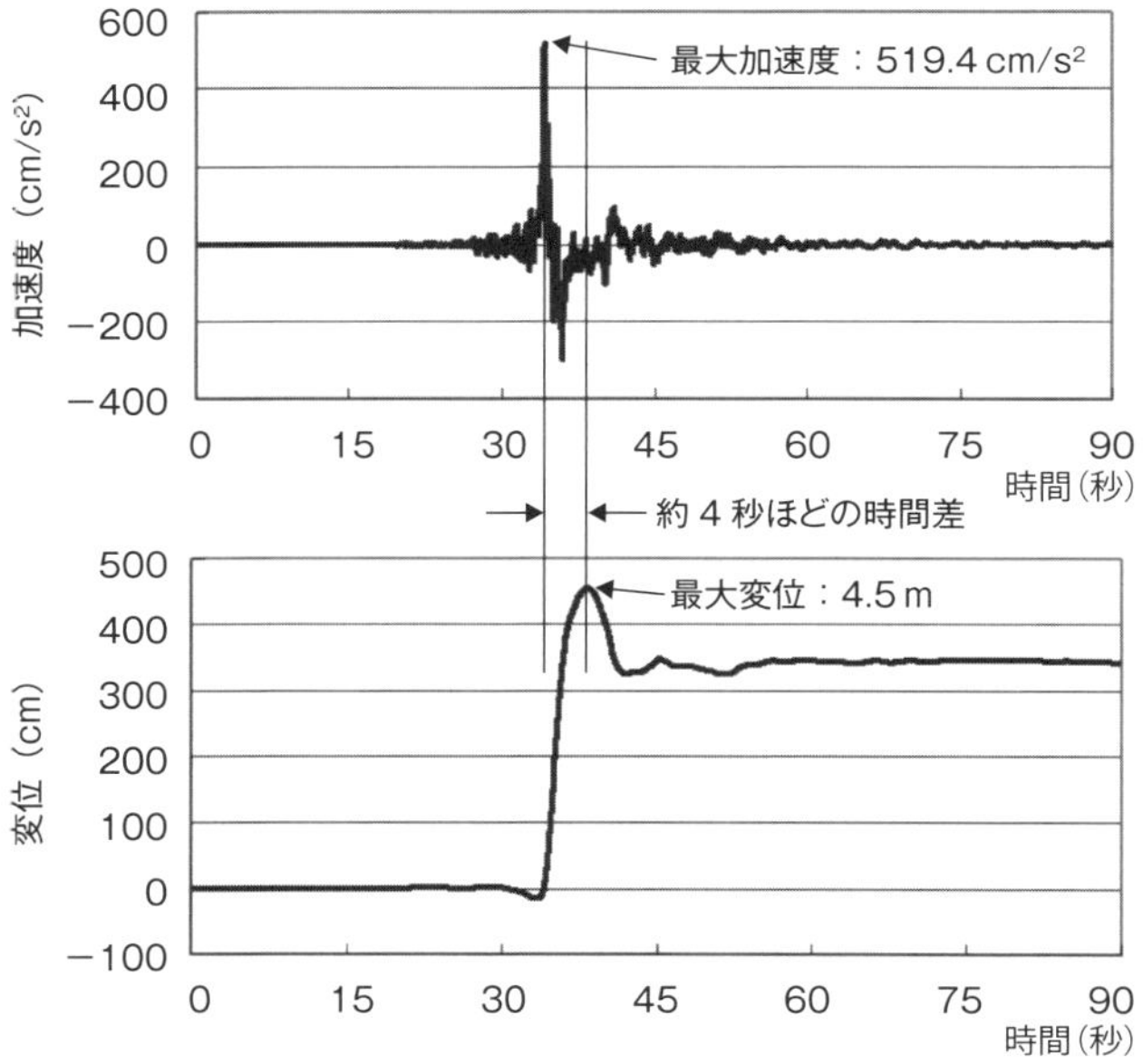

図 31 石岡ダム付近の地震記録（1999 年集集地震）変位は加速度から計算しています（出典：「1858 年飛越地震」『災害教訓の継承に関する専門調査会報告書』内閣府中央防災会議，2008）

そのためには、周辺地盤がどう動いたかを確認しなければなりません。ところが地震記録はどこでも得られるわけではありません。台湾では地震観測網がたいへん充実していますが、それでも地震断層直近の上盤に地震計が置かれている場所は決して多くありません。そこで十メートルにも及ぶ縦ずれが現れダムが破壊された石岡（**口絵10**）付近の観測点の記録を見てみることにします。

図31を見ますと、地震の大きなエネルギーを伝える横波（S波）の到達と思われる加速度の最大値が最初に現れ、これに四秒ほど遅れて地震断層のずれに伴う変位の最大値が現れているのです。この変位は岩盤のずれによる破壊が地上に到達したものですから、最初にお話ししたように、地震の大きなエネルギーを伝える横波（S波）の速度の七十パーセント前後の速度で遅れて地表に達したことと矛盾しません。**図31**の地盤の変位は四メートルにも達していますが、これはこの観測点が断層上盤側にあって四メートルも持ち上げられてしまったことを示しています。この記録は包頭山から遠く北に離れた場所のものですが、同じようなことが高架橋のある包頭山でも起こっていたと考えていいでしょう。もし高架橋がすべて完成していたとしたらどうなっていたでしょうか。まず地震の大きなエネルギーを伝える地震波（S波）がやってきます。地表に最も近い杭頭部に亀裂が集中したのは地上に突き出した橋脚が大きくゆすられたためだと考えられるのです。橋脚の根元の部分の杭頭は割れて回転しやすい状態になるのです。これを塑性ヒンジと言います。そのあとで断層の大きな変位が現れるのです。この断層の大きな変位で、断層面上はもちろん、上盤側の硬い表層とその下の粘土層の境でも変形が集中しますから、杭はさらにこれらを横切る深いところで割れていくでしょう。それ以上に心配なのは、最初の揺れで発生した塑性ヒンジがある状態で橋桁を支える複数の橋脚が持ち上げ

られていくことです。橋桁の落下の可能性は塑性ヒンジがない状態と比べてどうなるのでしょう？ ひょっとしたら、橋桁も橋脚もろとも倒れてしまうかもしれません。この破壊の順番は断層近くの構造物の機能保持を考えるうえで極めて重要になってくるのです。

ところで断層の揺れは、揺れが継続している短い時間の間ばかりではなく、世紀を超えて地形変化を引き起こすこともあります。それは地震断層に沿って破砕された不安定な斜面が現れることによります。一八五八年、越中・飛騨国境（現在の富山・岐阜県境）の跡津川断層を震源にM7.0～7.1と推定される飛越地震が発生しました。この地表に現れた断層の北東端に位置する立山カルデラの鳶山が山体崩壊し、カルデラに大量の土砂が流れ込みました。その後、常願寺川の河道閉塞が飛越地震の余震などで決壊するなど、下流の富山平野にも甚大な被害をもたらしていくことになります。カルデラ内に残存している土砂の量は現時点でも約二億立方メートルに達するとされ、これは仮にすべて流出したとすると富山平野が厚さ一～二メートルの土砂で覆われてしまう程の量になるのです。今でも毎年五十億円もの砂防事業費が計上されている現実は、地震断層沿いの地形変動が長期に及び、いかに深刻になるかを物語っています。同じような事例はすでにお話しした台湾でも、二〇〇五年の大地震を経験したパキスタンでも、また二〇〇八年の四川大地震の山岳被災地でも現在進行形で報告されています。

２　変形の及ぶ範囲

これまで地震断層に沿っての災害を時間軸上で見てきましたが、これまでのお話の中で読者の方々が察するように、地震断層に沿う被害は、決してナイフでケーキを切るように直線的なパターンでは現れません。断層を含む帯状の地域の中で、多様で複雑な変形パターンが現れ、地表、地下にある構造物の被害もこの変形パターンに大きく支配されるのです。ここでは断層活動によって空間的にどのような地盤変形と被害が生じてきたのかを見てみましょう。

●断層から十キロメートルも西で起こった被害

二〇〇四年十月二十三日に新潟県中越地方の山間地を襲った地震では低断層崖のわずかな変形としての小平尾断層が地表に現れました。しかし、地震による大きな水平変位の帯は実は地表に現れた断層付近ではなく六〜七キロメートルも西に現れ、この帯に沿って甚大な被害が集中したのです。この地域を横切る上越新幹線魚沼トンネルはトンネル軸方向に大きな圧縮力を受けたと思われる被害を生じました（**図32**）。

震源地付近の地震による地殻変動成分から、地盤内部に生じた応力の変化を計算できます。**図33**は魚沼トンネルの位置に相当する地下七十五メートルの深さでの$\sqrt{J_2}$と呼ばれる応力分布を示したものです。地盤は左右に横ずれを生じさせるせん断と呼ばれる変形で破壊していきます。$\sqrt{J_2}$は地盤をせん断する応力に比例すると考えてください。この図に現れる等応力線の間隔は〇・一メガパスカ

図 32 上越新幹線魚沼トンネルの被害箇所
写真中の矢印はレールとそのコンクリート床版が上に向かって曲げ上げられたところです。またトンネル壁からコンクリート片が崩落した部分を強調して示しています。

ルです。せん断応力に換算すれば水に六メートル潜るごとに増える水圧増加に相当します。この六メートルに等圧線の数をかけた分の深さの水を大きなハサミの片方の刃の峰の上に載せて厚さ一メートルの土の板を切断しようとする応力が発生するのです。北東から南西方向に大きなせん断応力の帯がほぼ五キロメートルの間隔で並んで現れているのが分かります。新幹線魚沼トンネルを含むトンネルの被害箇所はこの大きな帯の中にあるようです。地表に現れた小平尾断層から遠く離れたところで地盤内部を破壊させようとする応力が集中したことは地震による地盤変位の現れ方の複雑さを物語っています。この図に地震前の二〇〇一年に防災科学技術研究所で発行された地すべり地形の判読図を重ねてみます。するとこの五キロメートル間隔で現れる帯とほぼ重なるように、地すべり地も分布している様子が見えてきます。地すべり地形分布図は中越地震以前に作成されたものですから、これは中越地震以前にも同じような変形パターンの地震が繰り返し起

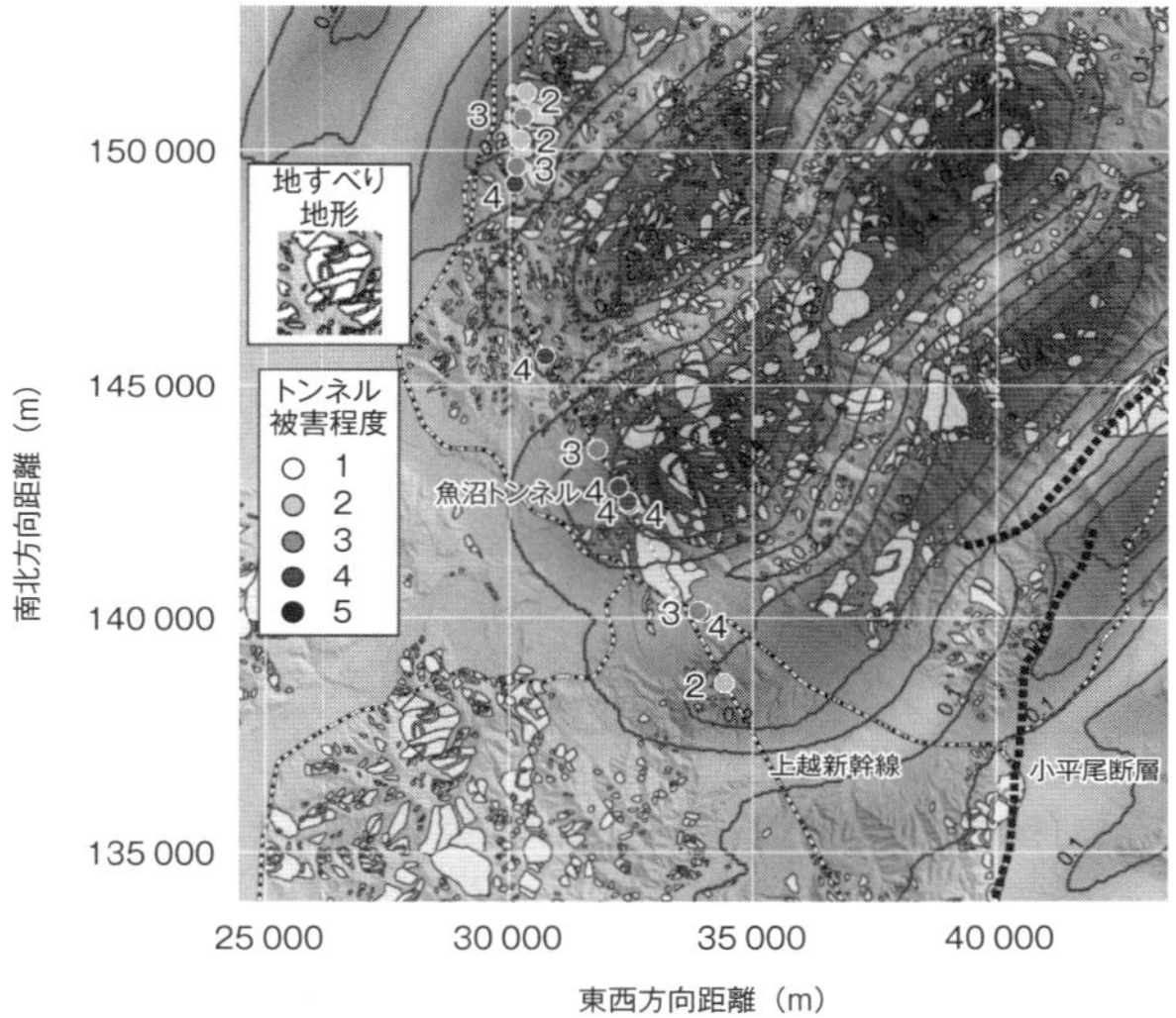

図 33　中越地震で現れた応力（$\sqrt{J_2}$）の帯と地すべり地形分布
東日本旅客鉄道の報告書ではトンネルの被害程度を 5 段階で評価し，数字が増えるほど大きくなる。

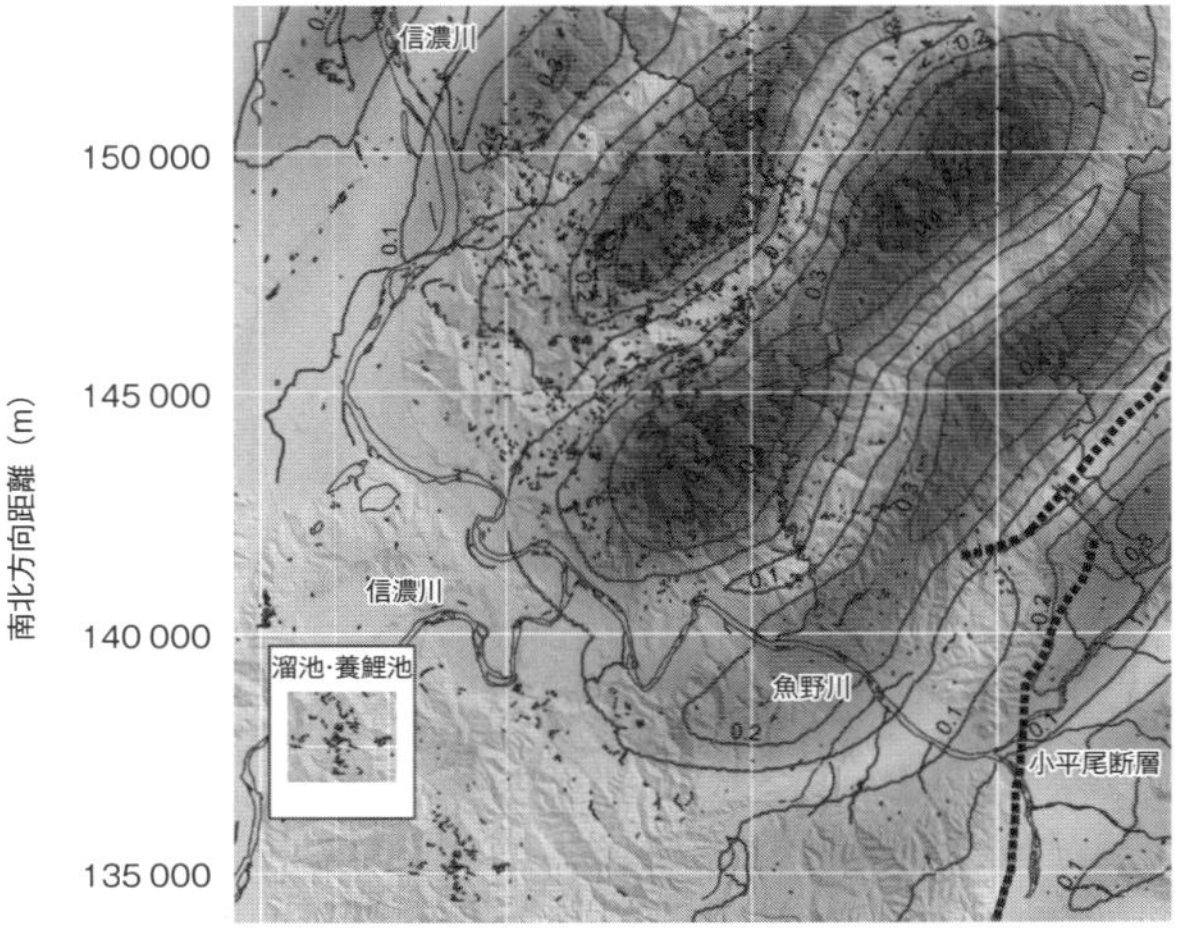

図 34　中越地震で現れた応力（$\sqrt{J_2}$）の帯と溜池，養鯉池分布

こっていたことを暗示しているように見えるのです。今回、この帯の中の斜面崩壊による被害は激甚でした。道路や家屋はもちろん、この地域に多い養鯉池も壊れ、多くの錦鯉が道路上や水路に溢れ横たわっている状況でした。過去にも同じような地震がこの地で繰り返されていたのでしょうか？　それならばこの帯状の地域に生活することは危険なことなのでしょうか？　旧山古志村の村長でこの地域からの全村避難を指揮した長島忠美氏にこの話をしたところ、私たちは長島氏からこう言われてしまいました。「私たちはこの地の地盤が少しずつ動いていることは経験的に知っています。だからこそ、動く地盤の上に広がる肥沃な土地を耕し棚田を造り、養鯉池を造り、この土地の恩恵を受けて生活してきたのです。ただ〝危ない〟というのではなく、どうやったら安全に暮らしていけるのかの知恵が欲しいのです。それが土木を専門とするあなた方の責務なのではないですか」。その言葉が心に深く残って、先ほどお話しした養鯉池の分布を応力の帯の図に重ねてみました（**図34**）。そうするとこれもものの見事に帯の中に集中していました。応力の帯が生活の帯でもあることを改めて実感したのです。

断層沿いばかりでなくそこから離れた地域にも大きな変形が現れるのであれば、そしてそれが過去の地震災害でも繰り返され地盤に記憶されているのであれば、そのような変形の特徴を知って上手に生活する賢い生き方を模索することができるでしょう。世界の被害地震の一割が集中する日本列島に暮らす以上、広い地域に変形の可能性があることを知って、予測される変形と上手にお付き合いしていく知恵が求められるのではないでしょうか？

３　無災害の事例、断層対策が功を奏した事例

断層の直上にあっても構造的な被害のなかった、あるいは運よく軽微な被害で済んだ事例がある、というと驚かれる方々もいるのではないでしょうか。**口絵10**の石岡ダムが示すように断層では劇的なずれが生じるのですから、それに載る構造物が無事でいるはずがないと思うのが普通ですし、実際、断層のずれによる被害は不可避的なものがあります。しかし断層の上にあろうがなかろうが、地盤の変形を受ける可能性があるのであれば、何が運命を分けたのか過去の事例を探ってみるのもそれなりに意味があると思うのです。

●地盤と構造物の被害の関係

一九九九年八月十七日にトルコ・イズミット地震が発生しました。この地震でアナトリア断層の一部が動き、地表に三～四メートルに達する右横ずれ断層が現れたのです。モーメントマグニチュードは7.4という強い地震でした。この地震でギョルジュクという街の海軍基地内の堅牢な半地下倉庫群を断層が横切って現れました。この部分の右横ずれは三メートルから四メートルに達するものでしたが、この地盤の横ずれは堅牢な倉庫を迂回するように現れ、倉庫はわずかに剛体回転をしただけで倉庫自体に構造的な損傷は認められませんでした（**図35**）。柔らかいクッションの地盤に囲まれたがっしりした構造物が無傷だったということなのでしょう。このようにクッション材で包まれた構造物の損傷が軽微であった事例は地上構造物のみならず地下構造物でも認められるのです。

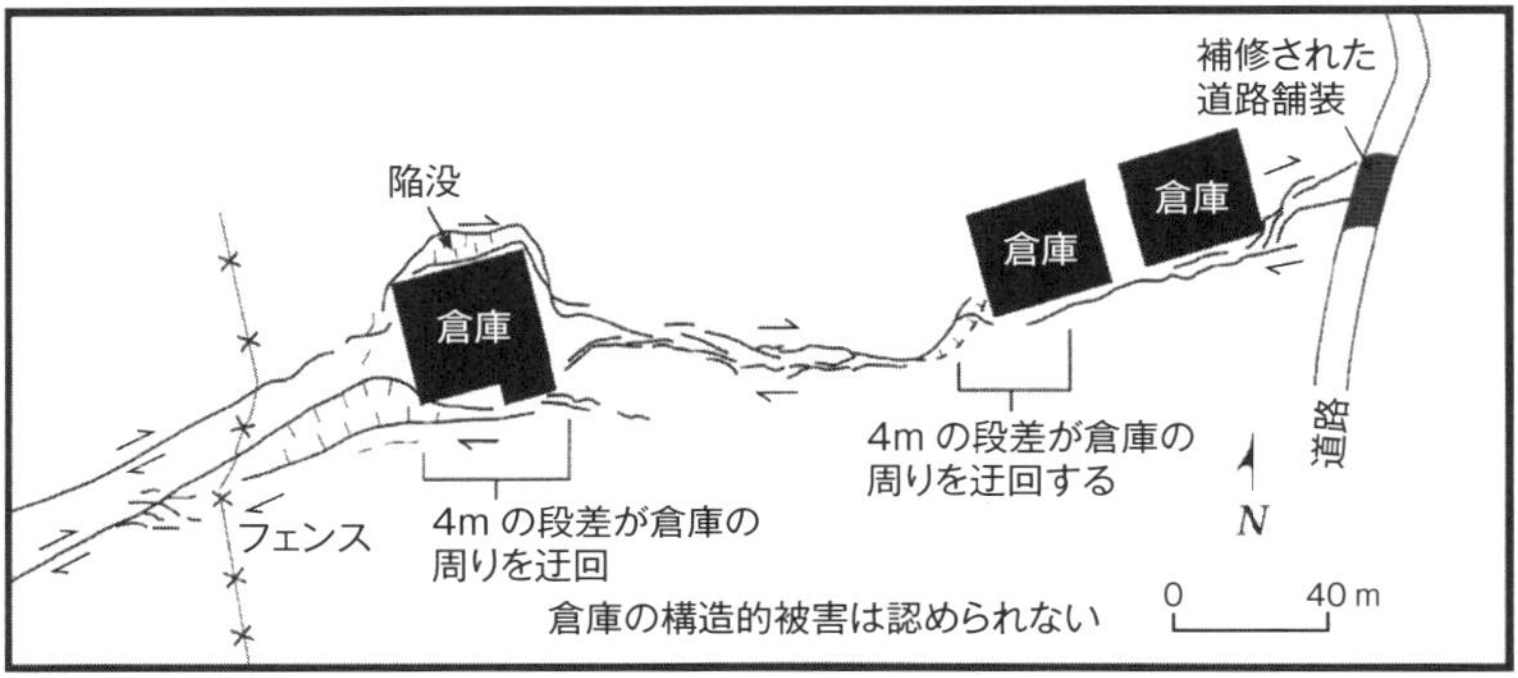

図 35 ギョルジュクの海軍基地内の堅牢な半地下倉庫群を迂回する断層（出典：Lettis, W. and 21 other authors: Surface Fault Rupture, Earthquake Spectra Journal, Chapter 2 in the Special Volume on the Turkey Earthquake of August 17, 1999 Reconnaissance Report, 11-52, 2000. に加筆）

図 36 伊豆急線稲取トンネル内の状況（写真は東京大学生産技術研究所田村重四郎教授（当時）らによる）

一九七八年、伊豆大島の北西、相模湾海底下で発生したM7.0の伊豆大島近海地震では、稲取で断層を横切る伊豆急行線稲取トンネルが、軌道の中心線が線路横断方向に九十センチメートルほどずれる被害を受けたのですが、覆工の変状で特記すべき点は、活断層に沿って大きく地塊がずれているにもか

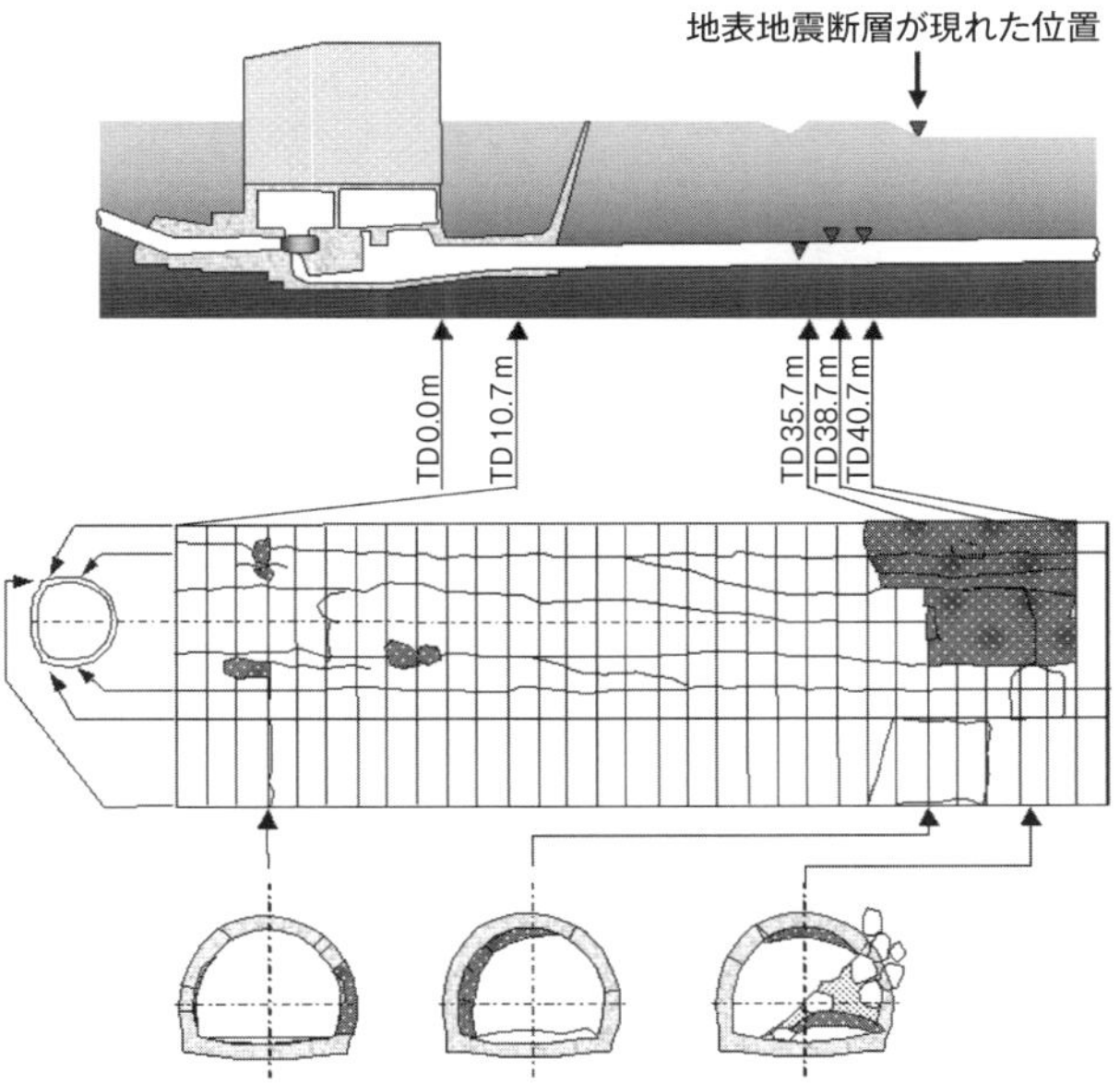

図 37　トンネル縦断図と展開図
（出典：橋本修一・三和　公・大橋昌彦・布施圭介「1998 年 9 月 3 日岩手県内陸北部地震に伴う地表変形及び地中構造物の変形」日本応用地質学会東北支部第七回研究発表会，1999，pp.19-26）

かわらず、その付近に「胴切り」の亀裂や、亀裂に沿ったずれが発生していないことです（**図 36**）。この断層付近の地山は温泉余土化していて、覆工コンクリートに比べて相対的に軟弱でクッション材のように作用し、ひずみが拡散されたためと考えられるのです。ちなみに温泉余土とは熱水の作用によって変質し粘土化した岩石のことです。

しかし周辺地盤が異なれば壊れ方も違ってきます。一九九八年九月三日に岩手県雫石の近郊でＭ6.1の地震が発生しました。この地震では雫石盆地西断層帯西根断層北端部、葛根田川が雫石の平野部に出るあたりで小規模な地震断層が現れました。この断層は稲穂の列の乱れからようやく認められるほど小さな断層変位でした（**口絵12**）。

しかしこの小さな断層変位がこれを横切る葛根田第二発電所放水路トンネルに深刻な被害をもたらしました。**図37**はこのトンネルの、発電所から放水路トンネルにかけての縦断面とトンネルに生じた亀裂の展開図です。この図では、発電所を起点として放水路を下る方向に計測した距離をＴＤという文字を添えて表示していますが、このトンネルが発電所の地中壁を抜ける部分（ＴＤ一〇・七メートル）付近から、トンネルが断層を横切っていると思われるＴＤ四〇・七メートルまでの区間に亀裂が集中しています。断層はこの発電所側を上盤とするような低角の逆断層であったことから、地中壁（ＴＤ一〇・七メートル）に片方を固定された状態で、稲取断層のずれよりはるかに小さいわずか十数センチメートルの逆断層の動きにこのおよそ三十メートルの区間が変形させられ、この区間全体にわたり亀裂が発生したものと考えられるのです。ＴＤ三十五メートル地点ではトンネル側壁部の一部が二十五センチメートルほど内空に押し込まれ、さらにＴＤ三十八メートル地点では側壁がトンネル内に倒壊し、そこから直径三十センチメートルを超える巨礫がトンネル内部に入り込んでいます（**口絵13**）。

これらのトンネル壁の損傷は稲取トンネルより深刻です。それはやはりトンネルを包む地盤の性質に大きく依存しているように思われます。どのような地盤だったのかを見てみましょう。この地震の後、一九九八年十一月から十二月にかけて、当時の工業技術院地質調査所によって水路トンネル近くの断層上の二か所Ａ、Ｂでトレンチ調査が行われました（**口絵12**）。**図38**に水路トンネルのやや北東

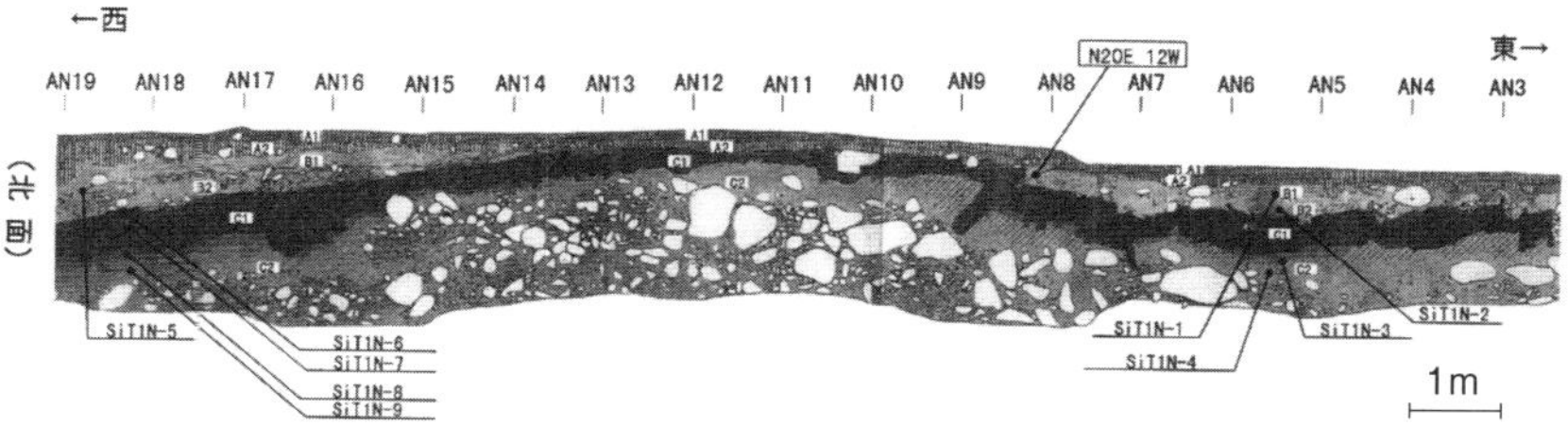

図 38　篠崎断層のトレンチ断面
（出典：吾妻　崇・粟田泰夫・吉岡敏和・伏島祐一郎「1998 年９月３日岩手県内陸北部地震に伴う地震断層（篠崎地震断層）のトレンチ掘削調査」『平成 10 年度活断層・古地震研究調査概要報告書』工業技術院地質調査所, 1999, pp.19-27）

にあるAトレンチ北断面の様子を示します。トンネルのやや南に位置するトレンチBでは直径が一メートルを超えるような大きな円礫が現れており、トンネル内の大きな円礫（**口絵13(a)**）もこれらの層から入り込んだものと思われます。全体が温泉余土化した稲取トンネル周辺地盤とは大きく異なり、巨礫の存在が、地盤の変形を変化させ、その結果トンネル壁の破壊の様子も変化したのだと思われます。

葛根田に限らず、河川が山地から急に開けた平野部に出る部分に断層が現れることが少なくありません。言い換えれば長い時間を経て断層の作り上げた崖に沿って、扇状地が開け、ここに巨礫が堆積している場合が多いのです。巨礫同士が互いに噛み合っている堆積構造が地震断層のずれによって変形しようとすれば、巨礫の噛み合いが外され間隙の体積が増えようとします。しかし巨礫の間隙は細かい土砂で埋まっていて、しかもその土砂は多くの場合、容易に体積を変えることのない地下水で満たされていますので、そうたやすく噛み合いははずれません。このため巨礫は互いに押し付けられる形で何とか変形しようとしますので、比較的拘束の小さい地表や地下の空洞に向かって膨れようとするのです。ギョルジュクの海軍基地内の堅牢な半地下倉庫群や伊豆稲取トンネル周辺のクッションのように柔らかい地盤とは大きく異なるのです。構造物の被害の軽重は地盤と構造物の相互作用の結果でもあります。

地盤にクッション効果が期待できないとき、地中構造物の被害は避けられそうにありません。しかしガスや石油、水道を輸送するパイプであれば断層部分を地表に出して断層の被害を軽減することもできるでしょう。実際これがうまく機能した事例がアラスカパイプラインです（**口絵11**）。このパイプラインは、断層を横断する一部区間を地表に出して、それを、すべりを許容する支承で支えたものです。アラスカパイプラインは二〇〇二年のデナリ断層地震のとき、支承部に若干の損傷はあったものの機能不全に陥ることはありませんでした。断層のずれ方が予測できる場合、断層とライフラインの交角によってもライフラインの挙動は大きく左右されます。橋梁の設計でもこれらへの配慮が行われた事例もあります。

4　まとめ

重要構造物を建設する場合、断層がわずかでも動く疑念がある限り、これを避けなければならないとするのは一つの見解です。しかし交通機関などライフラインは断層を避けては建設できないこともあります。また、例えば二〇〇四年新潟県中越地震のように地上に現れた断層から六〜七キロメートルも西に大きく外れて被害の集中する変形の帯が現われたり、一九九九年の台湾の集集地震の車籠埔断層のように複雑に折れ曲がりながら地上に現れた断層の事例を見ると、単に断層線上にあるのかないのかという議論だけでは済まないように思います。断層に沿って不安定な斜面が現れる場合には、長期にわたりその斜面への備えを考えなければなりません。みな大変難しい課題ですが、地震による空間的に複雑な地盤変形も過去に同じことが繰り返されていたことを知れば、どのようにその変形とお付き合いしていくのかの知恵も出てくるものと思います。これは単に個別の施設に留まらず周辺地域全体も含めて考える問題でもあります。地震断層や付随する周辺の地盤変形はその突然の変位の危険性という面ばかりではなく、これらの変形の帯に沿って豊饒な地盤を生み、そのうえで人がそれに適した農地を広げ、街を広げ、地域社会を発展させてきた面もあるからです。足下の地盤の成り立ちを過去にさかのぼって知ることが大事なのです。

コラム　断層の語源

断層は英語では fault だが、その語源は、ラテン語の fallere（だます・失望させる）であると言われている。Fallere は、英語の fail（失敗する、失望させる）の語源でもある。現代の英語では、fault は「失敗、欠点、障害」といった意味を持つが、それが地学用語になったのは、イギリスの炭鉱等での経験が元になっているらしい。鉱夫が石炭層や鉱脈を追って採掘していると突然その地層を見失い、「跡を失う、途方に暮れる（at fault)」。それで、地中で地層が断ち切れて無くなったり、または割れ目に沿って離れた場所に移動したりしている境界を fault と呼ぶようになったとされている。

地学用語としての fault を「断層」と訳したのは、中国の清朝末期に、Sir Charles Lyell（イギリスの地質学者）の「Elements of Geology」（地質学提要）を、D.J. McGowan（アメリカの宣教医）が口訳、華蘅芳（清朝中国の数学者・科学技術者）が筆述して出版した『地学浅釈』（1873 年）が最初である。これに訓点と一部の地学用語の原綴や片仮名が付けられたものが、1881 年に日本で刊行されている。

一般的には、「断層」はいろいろな使われ方をする。「世代間の断層」という場合は、意識や考え方の極端な違いを表し、断絶やずれがあるという点では、地学での使われ方に似ている。しかし、医学用語の「コンピュータ断層撮影（CT)」での「断層」は、厚みのある身体を輪切りにした断面のことを指す。また、地層の重なりの断面が縞模様として見える急崖が「断層」と呼ばれることもある。これらは地学用語での「断層」とは、意味が全く異なるものである。また、「断層」や「活断層」という「層」があるわけではない。

第5章

断層のずれへの備え

1　地面の揺れへの備えとの違い

ビルや住宅などの建築物あるいは道路や鉄道などの土木構造物が、地震に伴って発生する地面の揺れと断層のずれによる被害を受けないようにするためには、どうしたら良いでしょうか。

地震に対する備えというと、誰もが耐震設計を思い浮かべるでしょう。耐震設計とは、地震による地面の揺れに対してその上に建てられた建物が壊れないようにする技術です。きちんと耐震設計された頑丈な建築物や土木構造物は、大きな地震による地面の揺れが原因で倒壊することはありません。しかし、頑丈に造られていれば断層のずれに対しても大丈夫かというと、必ずしもそうではありません。地面の揺れと断層のずれでは、建築物や土木構造物が受ける影響が異なるからです。両者の特徴をよく理解して、それぞれに対して最も適切な方法で備えることが重要なのです。

それでは、**図39**を用いて地面の揺れと対比させながら断層のずれの特徴を説明しましょう。

まず特徴①は、断層のずれが影響を及ぼす場所は限られていることです。大きな地震が発生すると震源断層から震動が地殻の中を四方八方に広がって伝わり、震央から数百キロメートルの範囲の地面を大きく揺らします。設計で想定する地震の規模は地域によって多少異なりますが、我が国のすべての建築物や土木構造物は地面が大きく揺れても壊れないように建てなければなりません。しかし断層のずれは震源断層の延長上にのみ伝わり、地表では活断層に沿った非常に狭い範囲にしか現れません。活断層は長さが数キロから数十キロメートルの線として地図上に分布し、顕著なずれの影響はその両側に数十メートルまでしか及びません。しかも大きくずれる可能性がある活断層には過去に繰り

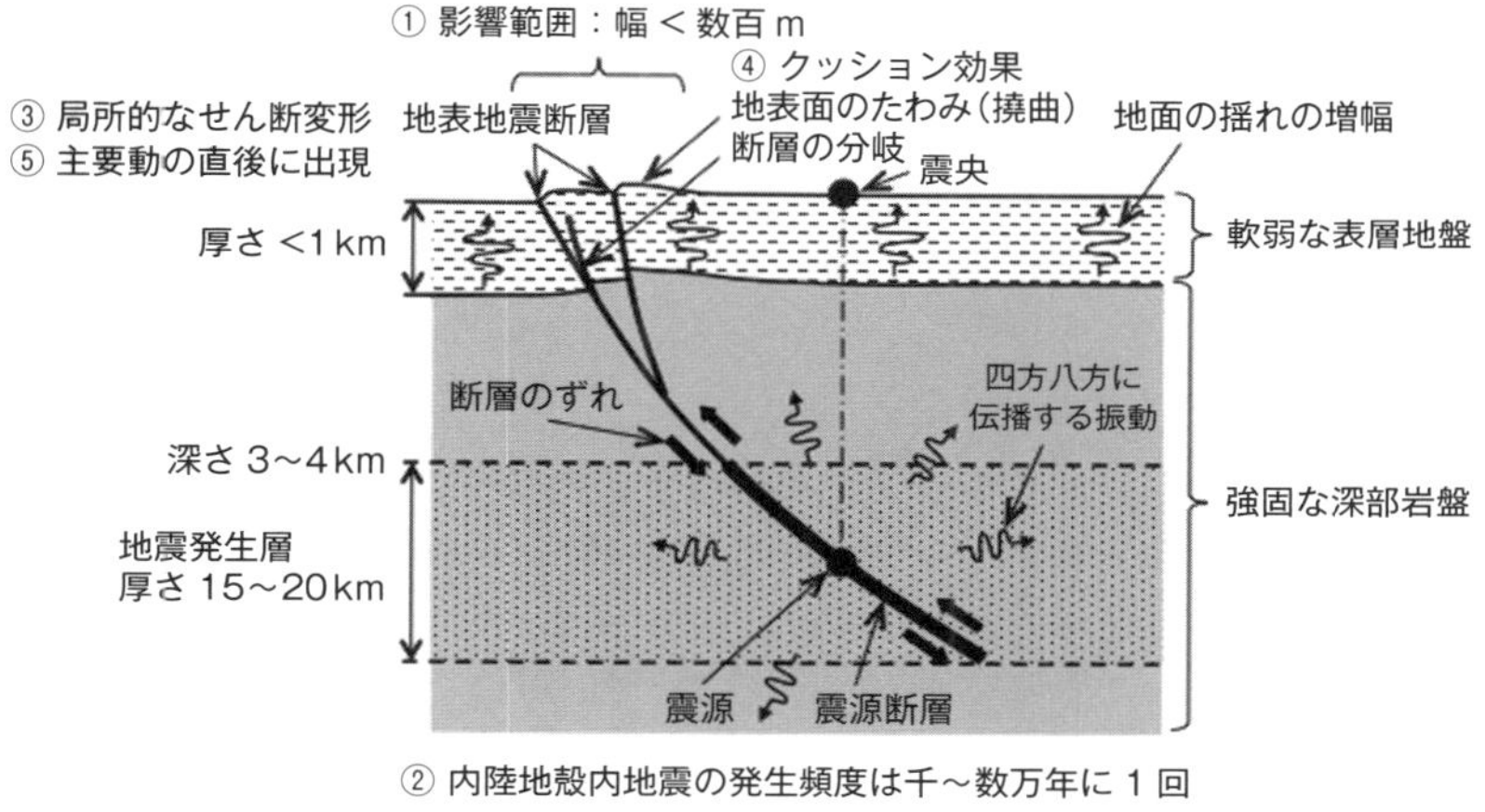

図 39　断層のずれの特徴

返し活動した痕跡として明瞭な断層地形が残されていますから、これまでの調査研究によって影響を受ける可能性がある帯状の領域の位置および幅はほぼ分かっています。活断層として知られていない場所でも地表地震断層が現れる可能性は否定できませんが、たとえずれたとしても、そのずれはわずかで大きな被害をもたらさないと思われます。

特徴②は、個々の活断層がずれる頻度が非常に低いことです。我が国は世界有数の地震国ですから、数年に一回程度は日本のどこかで大地震が発生しますし、多少の地域差はありますが、どこに住んでいても数十年に一回程度はかなり大きな揺れを経験することになります。しかし、大地震の多くは海の中で発生する海溝型地震ですので、陸上に断層のずれが現れるような大きな内陸地殻内地震はおおよそ十年に一度です。日本で確認されている数十の活動度が特に高いA級の活断層でも、それぞれが地震を起こす頻度は千年に一回以下と非常に稀なことです。

図40　クッション効果（表層にある軟弱な地盤により断層のずれの影響が軽減されること）（イラスト：太田淳子）

このこと自体はめったに被災しないことを意味しますから好ましいことですが、断層のずれを観測する機会が少なく調べる痕跡も不明瞭になってしまうので、その活断層がいつ、どのくらい動くのかを評価することを難しくしています。

特徴③は、断層のずれは地面の一部分に集中したせん断変形であることです。大きな地震では地表に数メートルもの段差ができることがあり、頑丈に造られた大規模な構造物であっても壊れてしまう可能性があります。一九九九年に台湾で発生した集集地震では、高さ二十五メートルのコンクリート製の石岡ダムが約十メートルにも及ぶ逆断層変位によって甚大な被害を受けてしまいました（**口絵10**）。地面の揺れというのは、「ぐらぐら」とか「ゆらゆら」と表現されるように行ったり来たりする不安定な動きです。地面から基礎に伝わるこの不安定な動きによって、建物全体は数十秒から二分間くらい前後左右に突き動かすような大きな力を何回も受けます。耐震設計とは、文字通りこうした力にも耐えられるように柱や梁を頑丈にすることです。一方、断層のずれというのは、活断層を境に両側の地面が数秒間程度の時間をかけてある決まった方向に「ずるっ」とすべる動きです。基礎が地面にしっかり固定されていると、横ずれならば断層の位置で基礎が水平方向に引き裂かれ、縦ずれならば上盤側の基礎が突き上げられて折れたり傾いたりします。実は頑丈に造ってしまうと、このように狭い範囲に集中する動きに耐えることができず、かえって被害を大きくしてしまいます。基礎が裂けたり折れたりすると、その上の柱や梁も壊れてしまいます。むしろ、全体構造を軟らかくして地面の動きに対してしなやかに追従できるようにして、さらに断層のずれを広い範囲に分散させて受け容れた方が被害を小さくすることができます。

特徴④は、表層に軟弱な地盤があると断層のずれによる影響が軽減されることです。このような効果は、**図40**に示すようにクッション効果と呼ばれています。軟弱な地盤を表現したクッションが薄っぺらな場合には断層のずれを表現したハリネズミの鋭い針毛が貫いてしまい座っていることができませんが、クッションが分厚い場合には座面にまで針毛が届かず不安定ながらも何とか座り続けることができます。よく知られているように、地盤の良し悪しによって地震の被害は大きく異なります。深い岩盤から表層の軟弱な地盤に伝わった地面の揺れは、振幅が大きく周期が長くなるからです。断層のずれも、内陸地殻内地震が発生する深さ数キロから二十キロメートルの地震発生層では一枚の震源断層に集中していますが、地表に近づくにつれて複数の断層に枝分かれしたり、周辺の地盤を引きずるように撓ませたりしてその性状が変化していきます。硬い岩盤が地表に露出しているところでは明瞭な地表地震断層が現れますが、沖積平野のように軟弱な地層が厚く堆積しているところでは、地下深部で断層が大きくずれていたとしても地表にはなだらかな傾斜（撓曲）しか確認できないことが普通です。一九九五年の兵庫県南部地震（阪神淡路大震災）では、淡路島の北西側の岩盤斜面には最大で二メートル程度のずれ（野島断層）が現れましたが（**口絵1**）、神戸市がある海沿いの平野部は軟弱な堆積層に厚く覆われているために地震の揺れは大きかったのですが地表地震断層を確認することができませんでした。このように軟弱な地盤によって影響が軽減されることは好ましいことですが、地表地震断層の性状は断層の枝分かれやずれが撓みに変化することによって複雑になってしまうので、地表面にどのような変形が生じるのかを予測することは難しくなります。

特徴⑤は、激しい揺れ（主要動）の直後に現れることです。そのため、残念ながら時間的な余裕がなく、早期警報は役に立ちません。震央の近くで得られた初期微動に関する情報を迅速に分析して、遠方の人々に主要動が到達する前に大地震の発生を伝えて防災に役立てるシステムが運用されています。気象庁の緊急地震速報や鉄道関係のユレダスのことです。激しい揺れが到達するまでに数秒間の余裕があるだけですが、遠方で発生する地震については走行中の列車を減速するなどの対応をいち早く採ることで被害を抑える効果が期待できます。しかし、断層のずれは震源断層の直上つまり震源から非常に近い場所に現れますから、警報は間に合わないか間に合っても対応を採る時間的な余裕はないでしょう。したがって、断層のずれに対しては事前防災によって備えなければなりません。

2　断層のずれへの備えの考え方

自然災害も含めてさまざまなリスクに対する備えの考え方としては、基本的に回避、低減、移転、保有の四種類の対応方針があります。**図41**はリスク・マトリックスと呼ばれる図で、リスクが発生したときの損失の大きさを縦軸に、発生する可能性の高さを横軸にとって、各リスクの大きさを検討したり対応方針を決定したりする際に利用します。損失が大きく可能性が高いほど、つまり図の右上に向かうほどリスクが大きいことを意味しています。四つの四角い枠は、一般的なリスクについて、発生したときの損失の大・小と発生する可能性の高・低に応じて採るべき対応方針の相対的な位置づけを示しています。

まずリスクの保有とは、何もしないで発生した損失は甘受するということです。図の左下、すなわち発生する可能性が低くまた損失も小さい場合にはリスクは小さく、対策を取ったとしても大した効果が期待できないのでそのまま放置します。次にリスクの低減とは、リスクが発生する可能性を下げたり発生したときの損失を小さくするための対策を講じることです。リスクを小さくする、つまり図の左下に向けて移動させることが可能な費用対効果の高い対策が実行できる場合に有効です。さらにリスクの回避とは、文字通りリスクを抱えた状況を避けるということです。図の右上、すなわち発生する可能性が高いうえに発生したときの損失も大きい場合には、対策の規模が大き過ぎて実行が困難なのでそ

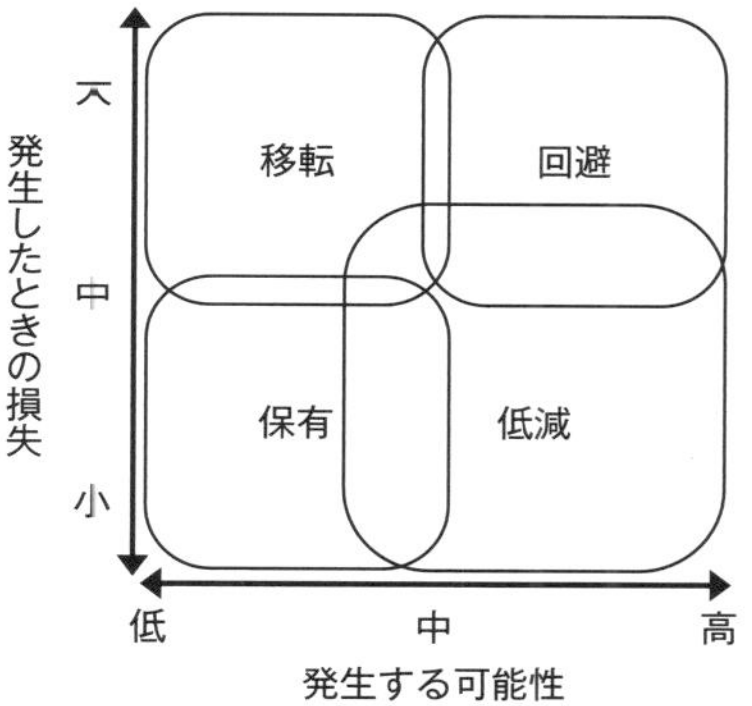

図41　リスク・マトリックスに示した一般的なリスクへの対応方針

のリスクの発生に巻き込まれないようにします。リスクを保有することによって得られる利益に比べて、保有することによるリスクの方が極端に大きな場合に有効です。そしてリスクの移転とは、例えば保険に入ったりして損失のダメージを低減するということです。図の左上、すなわち発生する可能性は低いのですが発生したときの損失が大きい場合には、自力で対処することは効率が悪いのでリスクの移転を考えます。

さて、以上が一般的なリスクへの対応方針の基本的な考え方ですが、実務上は、個別のリスクの特徴を考慮するとともに各対応方針を実行するためのさまざまな方法にかかるコストとその効果を比較して具体的な対応を決定します。以下では、前節に述べた断層のずれの特徴を考慮して、断層のずれへの備えの考え方をリスク対応に当てはめて整理してみます。

図42はリスク・マトリックス上に断層のずれとほかの自然災害（地震動、津波・高潮、豪雨、竜巻など）によるリスクが該当する範囲を比較して示したものです。断層のずれに係る網掛けした領域は、マトリックスの左半分に限られています。これは、特徴②に記した個々の活断層がずれる頻度が非常に低いこと、つまり地震動などのほかの自然災害が発生する確率と比較して断層がずれる確率が相対的に低いことを反映しています。しかし、特徴③に記した地面の一部分に集中したせん断変形によって建築物や土木構造物が壊れて被害が甚大なものになる可能性があるので、網掛けの領域はマトリックスの上端にまで達しています。さらにほかの自然災害では損失が小さい事象ほど頻発する右下がりの分布領域になるのに対して、断層のずれは右上がりの分布領域となっています。ある活断層のリスクの大きさは、その活動度でおおよそ表すことができます。活動度とは、その活断層が長期間に

ずれを累積してきた平均変位速度、すなわち一回の地震による平均的なずれの大きさを平均的な活動間隔で割った数字により表されますが、一回の地震によるずれの大きさが被害の大きさに、活動間隔の逆数がずれる確率に対応しています。よって、活動度が高い、例えばA級の活断層（平均変位速度が一ミリメートル以上／年）はリスクが高く図の右上に位置し、活動度が低いC級の活断層（平均変位速度が〇・一ミリメートル未満／年）はリスクが低く図の左下に位置することになります。

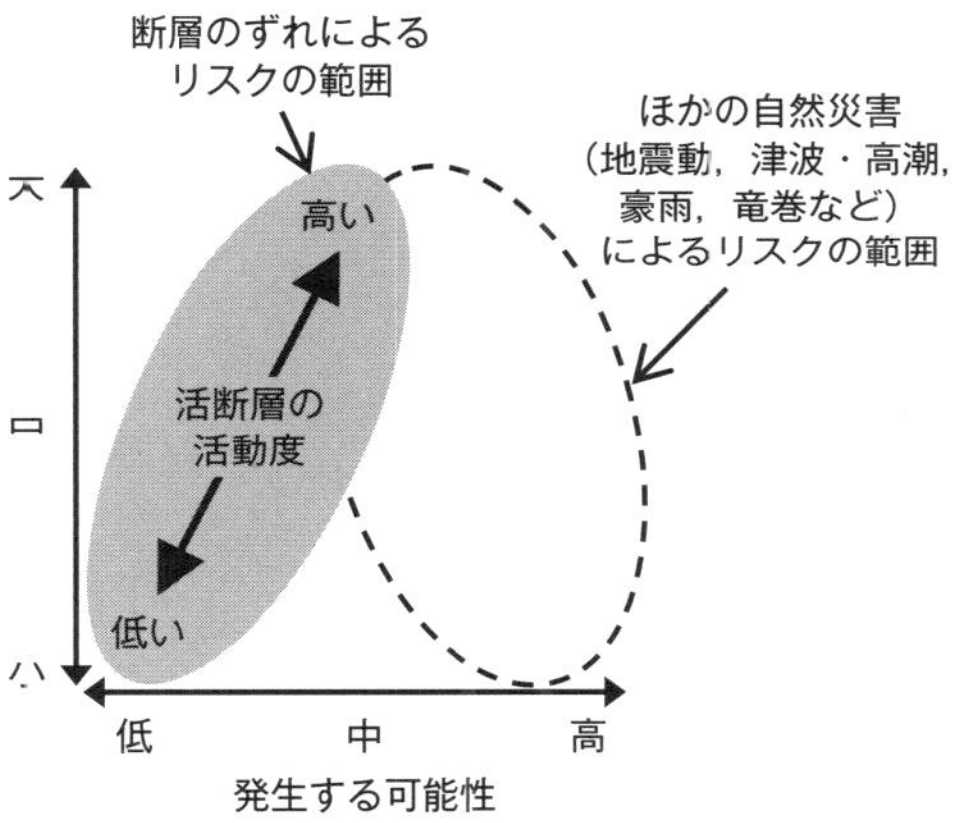

図 42　リスク・マトリックスに示した断層のずれとほかの自然災害によるリスクの範囲

図43は、**図42**に示した断層のずれによるリスクの範囲に**図41**に示す対応方針を当てはめたものです。縦軸の発生したときの損失は断層がずれたときの被害に、横軸の発生する可能性は断層がずれる確率に書き換えました。この対応方針は、前節に記した断層のずれの特徴を踏まえて決定されます。まず最初に注目することは、特徴①に記した断層のずれが影響を及ぼす場所が限られているということです。断層のずれによるリスクが懸念される場所は非常に狭い範囲であり、きちんと調査をすればその位置を推定できることから、活断層の真上を避けるという回避が基本的に最良の対応方針になります。断

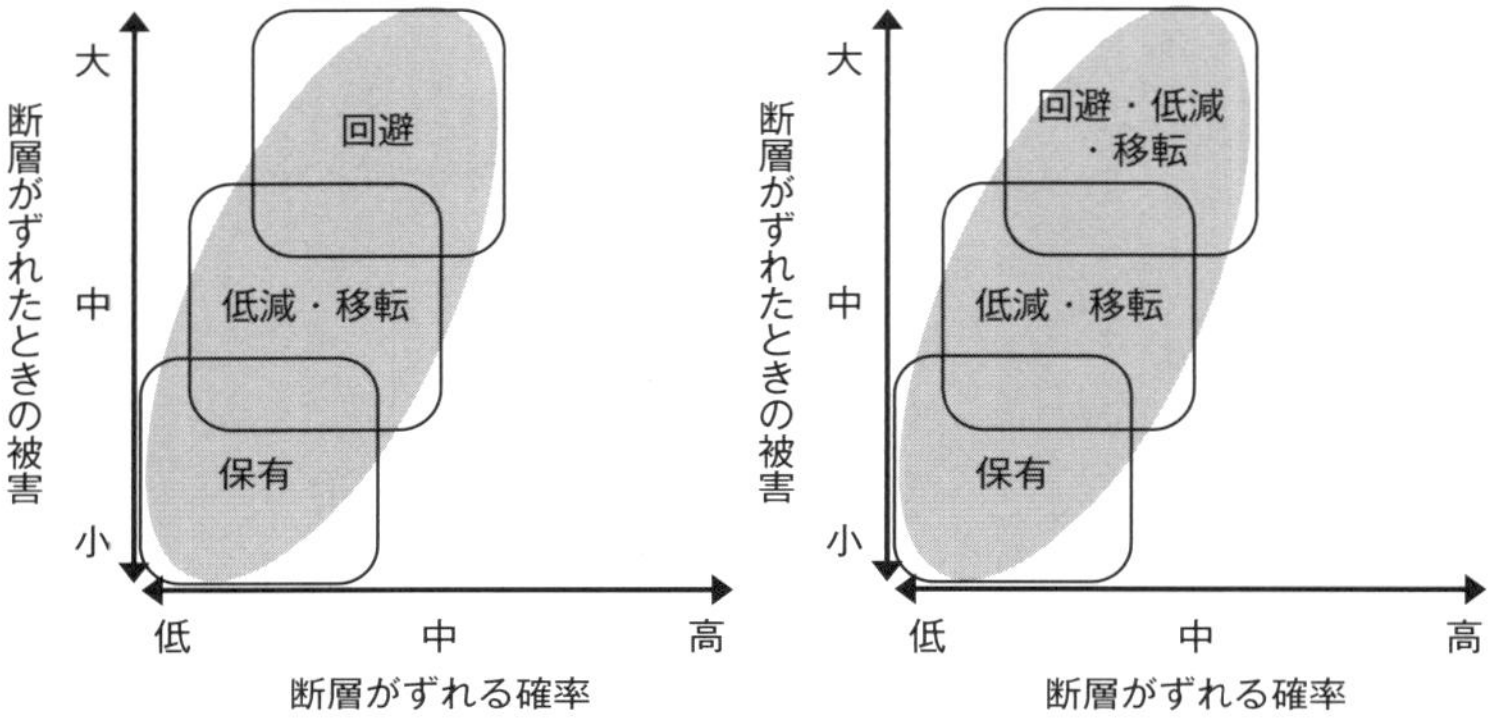

左：断層を横切る必要がないタイプの構造物（道路・鉄道など以外）　右：断層を横切らざるを得ないタイプの線状インフラ構造物（道路・鉄道など）

図 43　断層のずれによるリスクへの対応方針

層のずれが影響する範囲を外してさえいれば被災する可能性を完全に排除することができますから、新たに建設しようとする重要な構造物については当然の対応でしょう。

しかしながら、道路や鉄道のように都市間をなるべく短い距離で結ぶことが要請される線状インフラ構造物は、活断層を横切って立地せざるを得ない場合もあり、回避が必ずしも最良の対応方針とはなりません。そこで、**図43**は、道路や鉄道などの線状インフラ構造物とそれ以外の建築物や構造物に分けてリスクへの対応方針を示しています。

図43の左は、断層を横切る必要がないタイプの構造物に対するものです。活動度が高くリスクが大きい活断層の場合には、先に説明したように活断層の影響範囲を外すという回避が基本となります。しかし、活動度が低くリスクが小さい活断層や、ずれるかどうか分からない断層の場合には、積極的に対策を採る必要はなくリスクを保有すれば良いで

しょう。活動度が中位でリスクが中程度の活断層の場合には、損傷の程度を軽減するための対策をするリスクの低減や、損傷を受けた場合にも直ちに復旧できるように準備をするリスクの移転が基本となるでしょう。

一方、**図43**の右は、断層を横切らざるを得ないタイプの線状インフラ構造物に対するものです。左の図との違いは、活動度が高くリスクが大きい活断層の場合で、回避だけでなく低減と移転やその組み合わせを基本としています。もちろん第一に考えるべきことは、リスクを回避するために活断層を横断しないような代替ルートを検討することです。しかし、活断層の端っこに近ければそれほど遠回りにはならない迂回ルートを選択することができますが、中央を横切るルートが最短の場合には迂回ルートが極端に遠回りになってしまうので利便性が著しく損なわれてしまいます。このようにリスクの回避という対応方針が選択しにくい場合には、損傷の程度を軽減するための対策をするリスクの低減、損傷を受けた場合にも直ちに復旧できるような準備をするリスクの移転、さらにその組み合わせによることで対応するのが適切です。

さて、具体的にどのような対応方針を採るべきかという検討において重要なポイントは、対象としている建築物や土木構造物の社会的な重要度や便益の大きさです。学校や駅のように大勢の人が集まる場所や公共施設、災害時にも緊急対応のために被災してはならない病院や行政の庁舎、速やかな復興のための産業施設など、旅客輸送や物流を担う鉄道・道路・空港・港湾などは、それ以外のものに比べて社会的な重要度が高く得られる便益も大きいので、より高いレベルの安全性が求められます。したがって、同じ活断層に対しても、重要で便益が大きい施設とそうでない施設ではリスクへの対応も当然に異なり、重要度や便益の大きさに見合った選択をしなければなりません。重要で便益が大きいほど図43に示す保有の枠は左下に小さくなり、逆に回避、低減、移転の枠は大きくなります。

もう一つの重要なポイントは、対象とする施設が既設か新設かということです。我が国で活断層の詳しい調査が精力的に進められるようになったのは一九九五年の兵庫県南部地震（阪神淡路大震災）以降であり、また断層のずれによって起きる被害が広く認識されるようになったのは一九九九年の集集地震（台湾）とイズミット地震（トルコ）からです。したがって、活断層の存在を認識しないままにそのずれの影響範囲に建設されてきた施設が少なからず存在しています。しかしながら、リスクの大きさを十分に検討しないままに、これらの施設が断層のずれの脅威に曝されているのではないかと危険性を喧伝したり、また過度に不安を募らせてリスクを回避しようとして施設を放棄したりすることは、賢明でもないし合理的でもありません。前節の特徴②として指摘したように、そもそも個々の活断層がずれる頻度は非常に低く、既設の施設の残された供用期間、すなわち今後何年間しか使わないことを考えれば、リスクは極めて小さいかもしれません。また回避という対応は、新設の場合には代替案を採用するので容易ですが、既設の場合には今後も継続して供用するならば得られるであろう便益を放棄するだけでなく、代替施設を新たに建設するための費用プラス旧施設を廃棄するための費用という大きな経済的負担を伴うために容易ではありません。既設の施設については、リスクの大きさと得られる便益、さまざまな対策の効果とコストなどを総合的に検討し、新設の施設以上に冷静かつ慎重に対応を決定するべきでしょう。

３　リスクの回避、低減、移転、保有の考え方

以下では、断層のずれによるリスクへの対応方針として回避、低減、移転、保有の四種類をもう少し詳しく説明しましょう。

まずリスクの回避は、活動度が高く従ってリスクも高い活断層について、ずれたときの被害が甚大で効果的な対策を講じることが難しい場合の対応です。断層を横切る必要がないタイプの建築物や土木構造物では建設自体を諦めるか、ずれの影響を受けない代替の場所を探して建設するということです。実際に原子力発電所や大規模なダムのような重要な土木構造物を新しく建設しようとする際には、事前に詳しく地質調査を行って活断層がないことを確認した地盤に建設することにしています。例えばダムの場合には、活断層の位置から三百メートル以上は離れた地点とすることが指針（案）で記されています。また米国のカルフォルニア州や我が国のいくつかの地方自治体では、多くの人が集まる病院や学校などの公共の建築物についても、新たな建設を制限する条例を制定しています。道路や鉄道などのように断層を横切らざるを得ないタイプの線状インフラ構造物であっても、代替ルートを検討して迂回の程度が許容の範囲であるならば少しでもずれの影響が小さいものを選択するべきでしょう。

次にリスクの低減は、対策を講じることによって、リスクの大きさを許容できるレベルにまで小さくしようとすることです。活断層がずれる確率を下げることはできませんが、ずれたときの被害を小さくすることは可能であり、さまざまな方法があります。以下では、地面の揺れへの対策と対比させ

ながら断層のずれへの対策を説明しましょう。

地面の揺れへの対策には耐震、免震、制震の三つの考え方があります。それぞれ、揺れても壊れないように建物を頑丈にする、地面と建物を切り離して地面の強い揺れが建物に入ってこないようにする、建物の振動特性をコントロールして揺れにくくする、というコンセプトです。断層のずれに対しては、前節の特徴③に記したように、壊れないように頑丈にするという考え方ではうまくいきません。頑丈なものは一般に小さなせん断変形にしか耐えられずに脆く壊れてしまうので、耐震の応用としての耐変位という考え方は成り立ちません。一方、免震の応用として免変位という考え方、つまり地面と建物を切り離して断層のずれが建物に入ってこないようにすることと、制震の応用として制変位という考え方、つまり建物の変形特性をコントロールして壊れにくくすることは有効な対策となり得ます。

免変位の考え方には、断層のずれを分散させたり連続・平滑化させたりして影響を小さくする方法と、地面の中でずれが伝わる方向を変えて影響の範囲から逸らせる方法があります。前者は、前節の特徴④に記した軟弱地盤の影響（**図40**のクッション効果）を利用したものです。**図44(a)**に示すように建築物や構造物が断層のずれの影響範囲に含まれると、地面の一部分に集中したせん断変形によって壊れてしまいます。この不連続な変形である断層のずれを、**図44(b)(c)(d)**に示すように地面の中でなるべく広い範囲に分散させるとともに周辺の地層が断ち切られずに滑らかに曲がるように変形（連続・平滑化）させてしまえば、その影響を緩和することができます。また、極端かもしれませんが建築物や構造物を船のように水の上に浮かべてしまえば、断層のずれを水中で消滅させてしまうこと

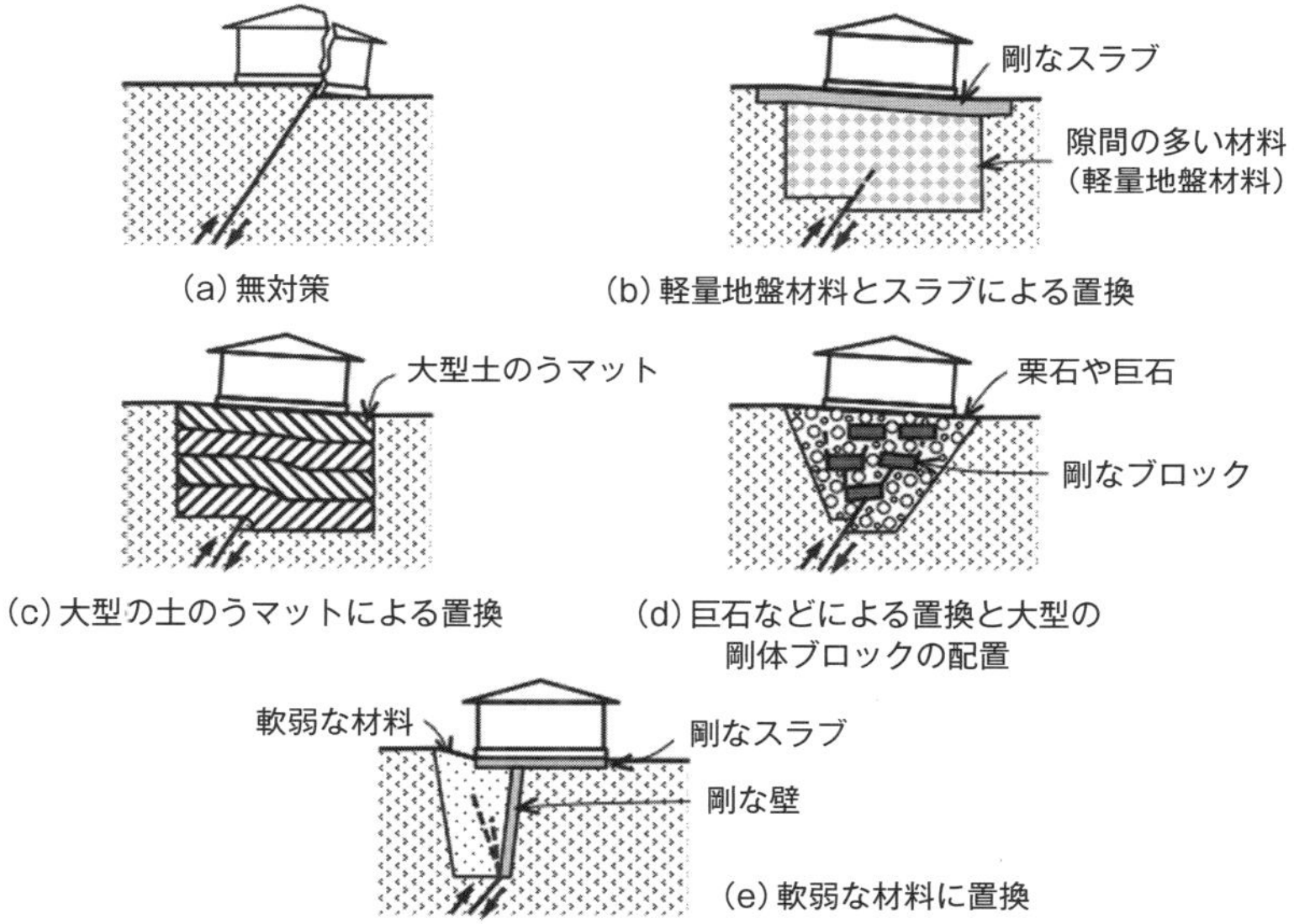

図 44　免変位の考え方を実現するためのアイデアの例

もできます。一方、後者は**図44(e)**に示すように、断層のずれが基礎にまで伝播することを妨害し、その脇に変形をしやすいゾーンを設けて基礎の外に断層のずれを誘導しようとするものです。

　制変位の考え方には、施設の配置・向きや構造あるいは基礎の配置や固定方法を工夫して影響を受けにくくする方法と、構造を柔軟なものにしたり分節化したりして影響を受けたとしても大被害には至らないようにする方法があります。前者の基礎の配置には、活断層を長いスパンの架橋で跨ぐことも含まれます。例えば一九九五年の兵庫県南部地震では建設中の明石海峡大橋の二本の主塔間で海底が一メートル超もずれましたが、当初設計よりも橋桁の長さを伸ばして対処することができました。一方、後者の柔軟・分節化は、やや難しい言葉では可撓性を持たせると表現され、断層のずれによって伸び縮みや曲げを受けたとしても壊れることなく追従して変形できるようにすることで、その機能を失わないようにすることです。例えば活断層を高架橋で横断するならば、連続したラーメン構造よりも短い単純桁やヒンジを複数含む構造の方が有利になります。土はコンクリートや鋼材よりも変形しやすいので、盛土にする方がより適切と言えるでしょう。

次にリスクの移転は、ずれたときの損傷のダメージを小さくための手立てをあらかじめ用意しておくことで、リスクを低減することができる費用対効果が高い対策がない場合には有効な対応です。この移転には二つの考え方があります。一つの考え方は、被災後の早期の機能回復や復旧を容易にする手段を用意しておくことです。損傷を受ける可能性がある構造部材をあらかじめ近くの保管庫に準備しておいて、被害が発生したならば直ちに対処しようとするものです。もう一つの考え方は多重性を高めて災害時の復元性能（レジリエンス）を高めることです。特にネットワーク型のインフラについて有効な対応で、回線ないし路線を複数にすることで、たとえ一つの回線ないし路線が被災しても、被災を免れた回線ないし路線によって最低限の機能を維持することができます。

そしてリスクの保有は、活動度が低く従ってリスクも低い活断層について、そもそも非常に稀にしかずれることはないだろうし、たとえずれたとしても被害は軽微で対策の効果も大して期待できないと思われるので放っておくことです。これについては二つのケースが考えられます。一つは、重要度が低く便益が小さい場合です。公園や校庭、駐車場、戸建て住宅、あまり利用されないような支線道路などが該当するでしょう。もう一つは、詳しく調査しても本当に活断層なのかどうか、将来ずれる可能性があるのかどうかが分からない場合や、近い将来に活動することがないことが明らかな場合です。前者の場合は活動度が非常に低い断層に当たるので、そのように小さいリスクを保有しても構わないという判断です。後者の場合は、活断層は数千年とか数万年という固有の周期で活動することが知られていますので、その活断層がずれる大地震が発生した直後ならば、その構造物の供用期間中には同じ場所がずれることはないという確信を持てるということです。例えば、一九三〇年に発生した北伊豆地震において建設中に二・七メートルも坑道がずれてしまった丹那トンネルが典型的な事例です。地震の際にずれた丹那断層は過去八千年間に九回の地震を引き起こしたことが地質調査によって調べられており、約千年の周期で大地震を起こす可能性があります。トンネルの軸がずれてしまったのでＳ字にカーブさせて横断部分を掘り直し、現在は東海道本線が通っていますが、今後数百年の間には同じようなずれを起こす大地震は発生しないと考えられることから、ずれへの対策は採られませんでした。

４　対策の事例

●断層を横切らざる得ないタイプの線状インフラ構造物

ここでは地上に設置されたパイプライン、鉄道の橋梁とトンネル、水道管路の事例を紹介します。

米国・アラスカ州で北極海側の油田地帯から太平洋側のバルディーズ港に石油を輸送するためのトラ

ンス・アラスカ・パイプラインは、デナリ断層を横断して敷設されていますが、この活断層のずれを考慮した対策のお陰で被災を免れることができた貴重な事例です（口絵11）。二〇〇二年十一月三日に発生したデナリ地震はM7.9で三百キロメートル以上にわたって地表地震断層が現れ、その最大変位は九メートルにも及びました。パイプラインが活断層を横切る約六百メートルの区間では、あらかじめ水平方向に六メートル、鉛直方向に一・五メートルのずれが生じてもパイプが損傷して石油が漏れ出すことがないように対策を施していました。制変位の考え方に基づいてリスクを低減しようとする対応です。具体的にはパイプ自体を柔軟に曲がる構造にして長さの変化にも対応できるように所々に屈曲部を設け、そのパイプを地面に十八メートル間隔で設置した長さが十二メートルの鋼製梁で支えていました。パイプを支持する沓座と呼ばれる部材には、この梁の上を簡単にスライドできるように表面にテフロン製のパッドを貼ってありました。また、パイプとデナリ断層の交差角も、想定したずれに対してパイプの長さがなるべく変化しないように約六十度にしていました。このように可撓性を持たせるという工夫によって、交差部で実際に生じた水平方向に四・二メートル、鉛直方向に七五センチメートルという大きなずれに対して沓座の部分が少し壊れたもののパイプ自体は無傷で石油の漏れは全くありませんでした。

東海道新幹線の富士川橋梁は、富士川河口断層帯の南側を構成する入山瀬断層を横断していますが、ここでは二つの対応が採られています。一つは落橋を防止するために橋脚の桁座を拡幅することで、施設の構造を工夫して影響を受けにくくする制変位の考え方によってリスクを低減することができます。もう一つは橋の横に倉庫を設けて構造部材を備蓄していることで、被災後の早期の復旧を容

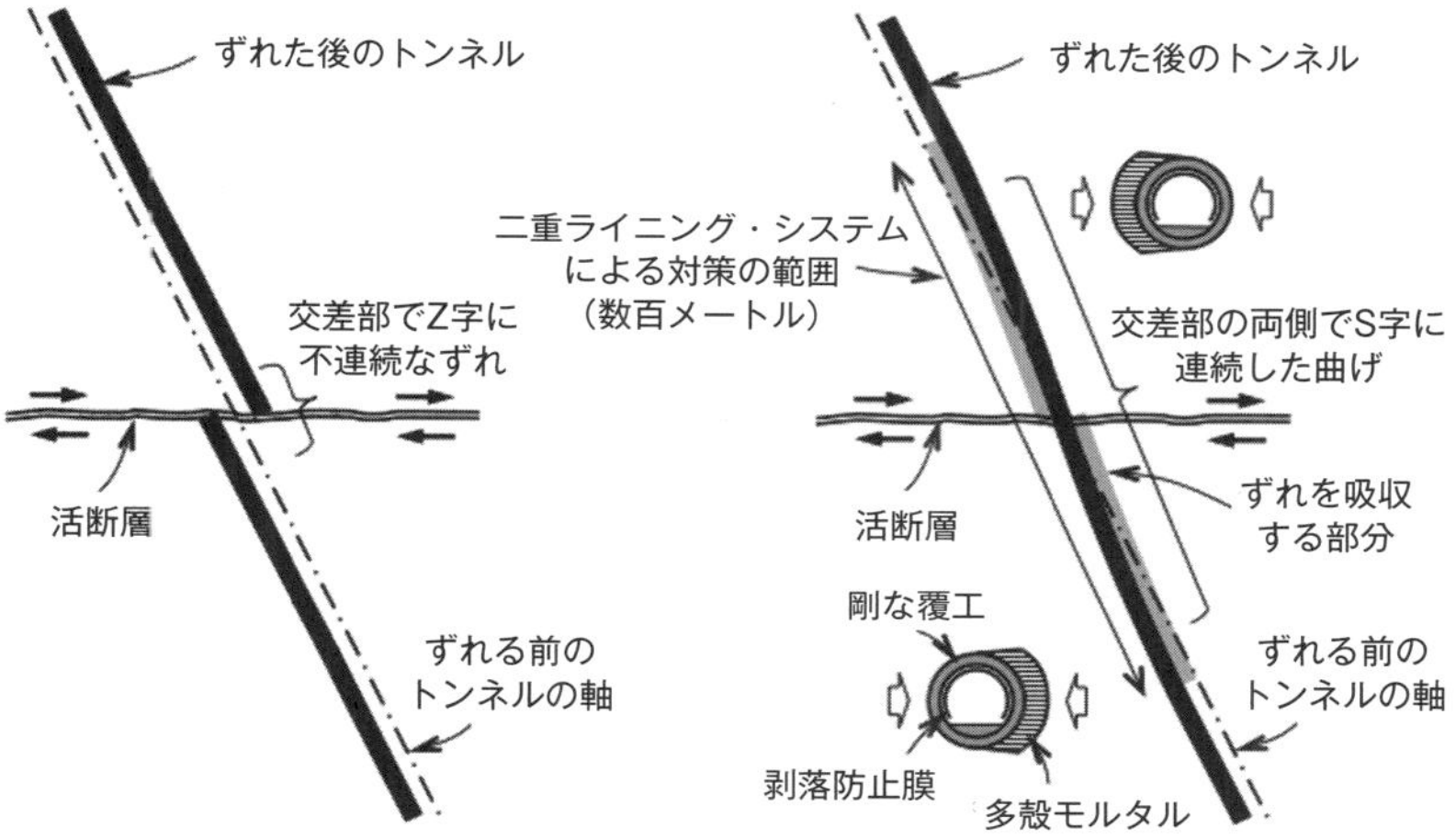

（a）無対策で不連続な変形　　（b）対策により連続した変形

図 45　山岳トンネルにおける対策のアイデアの例

易にする手段を用意するという考え方によってリスクを移転しています。橋梁については、橋脚のスパンを長くすること、ずれてもスパンが変化しないような角度で交差すること、変形性が高い構造とすることが要点になります。

トンネルは周囲の地盤と同じ動きをするので、活断層との交差部において覆工あるいは鉄道の軌道や道路の路盤・路床を壊れないようにするリスクの低減は簡単ではありません。しかし、トンネルの覆工の外側にずれを吸収できるハニカム構造のような特殊な部材で巻くなどの工夫をすれば制変位の考え方による対策は可能だと考えられます。**図45**には圧縮性が高い部材と剛な覆工を組み合わせた二重ライニング・システムを山岳トンネルが活断層を横切る区間の覆工に利用するアイデアを示しています。断層がずれたときに周辺の岩盤から押される側にずれを吸収する多殻モルタルを配置しておくことによって、交差部に集中しようとする鋭い屈曲を前後の区間に分散させて連続した緩やかな曲げ変形に変換することが期待されます。

仙台市の地下鉄東西線は、長町・利府断層帯と共役な関係にある大年寺山断層を横切って建設されました。この活断層は平均変位速度が〇・一ミリメートル／年程度とB級もしくはC級の活動度で平均活動間隔も三千年以上と長く、一回のずれは平均で数十センチメートルと推定されていました。ここではあらかじめトンネルの断面の内径を五十センチメートル拡幅して建設しておいて、被災後に掘削し直さなくても早期に復旧できるようにするという考え方によってリスクを移転しています。

米国・カルフォルニア州でサンフランシスコ湾の東部に敷設された基幹的な水道管路には、長大なサンアンドレアス断層に並走するヘイワード断層と交差する部分があります。この活断層は、平均変位速度が約九ミリメートル／年と活動度が高く、このうちの半分は地震の発生に関係なく徐々に動くクリープ性という珍しいタイプです。ここでは活断層を横切る部分に自由に曲がる関節を複数持つジョイント管を用いるとともに、破損した場合に備えて緊急遮断用弁の設置と損傷区間のバイパスとして送水用ホースの備蓄を行っています。前者は柔軟・分節化による制変位の考え方でリスクを低減しており、後者は早期の機能回復によりリスクを移転しています。この事業者は、新規の基幹的な水道管路も別ルートで建設しており、供給網の多重化を図ってリスクのさらなる移転を進めています。

●断層を横切る必要がないタイプの構造物

ここでは新設として鉄道の駅舎とコンクリートダムを、既設としてスタジアムの事例を紹介します。

山陽新幹線の新神戸駅は、六甲山の山裾に位置しており、六甲淡路島断層帯を構成する諏訪山断層の真上に建設されています。市街地を避けるために六甲山を縦断する六甲トンネルと神戸トンネルのわずかな間で生田川を横断する高架橋構造となっています。一九七〇年の基礎工事の際に線路方向と約七度という浅い角度で約百メートルの区間で交差する断層の露頭が確認され、断層粘土を伴う断層破砕帯の幅は平均で五メートル程度でした。この活断層の平均変位速度は〇・一から一ミリメートル／年と推測され、また山側の花崗岩と海側の堆積層の堅さや強さも大きく異なることから不同沈下も懸念されました。断層のずれや不同沈下への対策としては、山側と海側のブロックを、さらにプラットホームと線路部分も分離して構造的に独立した基礎に支持させて、各ブロックの間は単純梁および回転や水平移動を許容するスライド・ヒンジ支承で接続しています。このように構造を柔軟かつ分節化させる制変位の考え方によってリスクを低減しています。さらに高架橋の幅を一般部よりも拡げてバラスト軌道とすることで、ずれたり傾斜したりしてしまった線路を早期かつ容易に復旧できるようにしてリスクを移転しています。

ニュージーランド南島にあるクライド・ダムは、高さが百二メートルの重力式コンクリートダムですが、河道を通るリバー・チャンネル断層の上に建設されています。建設中に基礎岩盤の中に最大で一〜二メートルもずれる可能性がある活断層が発見されましたが、建設を諦めてリスクを回避するという判断はされませんでした。代わりに断層がずれてもダムが決壊しないように大幅な設計変更がな

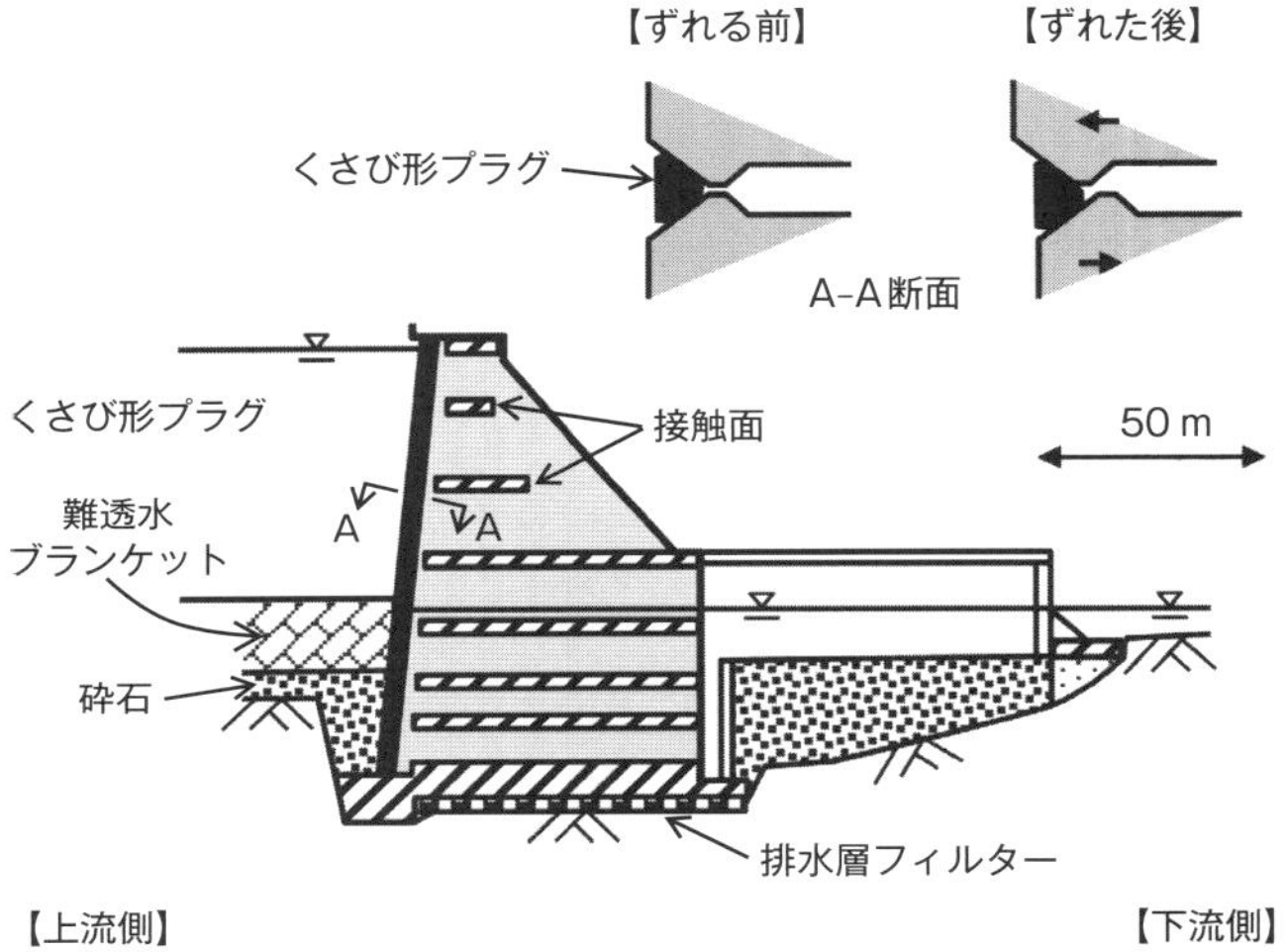

図 46 クライド・ダムの対策（スリップ・ジョイントの断面）
（出典：Hatton, J. W. and Foster, P. F.: Seismic considerations for the design of the Clyde Dam, Transactions Institution of Engineers New Zealand, Vol.14, No.3, 1987. の図に加筆修正）

されて一九九三年に完成しました。**図46**に示すように、堤体の断層延長上の位置に幅が二・三メートルのスリットを入れてダムを二つのブロックに分けて、スリットの上流側に断層の動きに追従することができるくさび形のプラグを設けています。このスリップ・ジョイントと呼ばれる構造は、分節化による制変位の考え方によってリスクを低減しようというアイデアに基づいています。このジョイント自体の構造や機能は専門家によって入念に検討されたものだと思いますが、その幅を超えた位置にまで断層のずれの影響が及ぶことはないのか、もし及んでしまった場合には堤体が損傷したり遮水機能が低下したりしないのかなどが気になるところです。

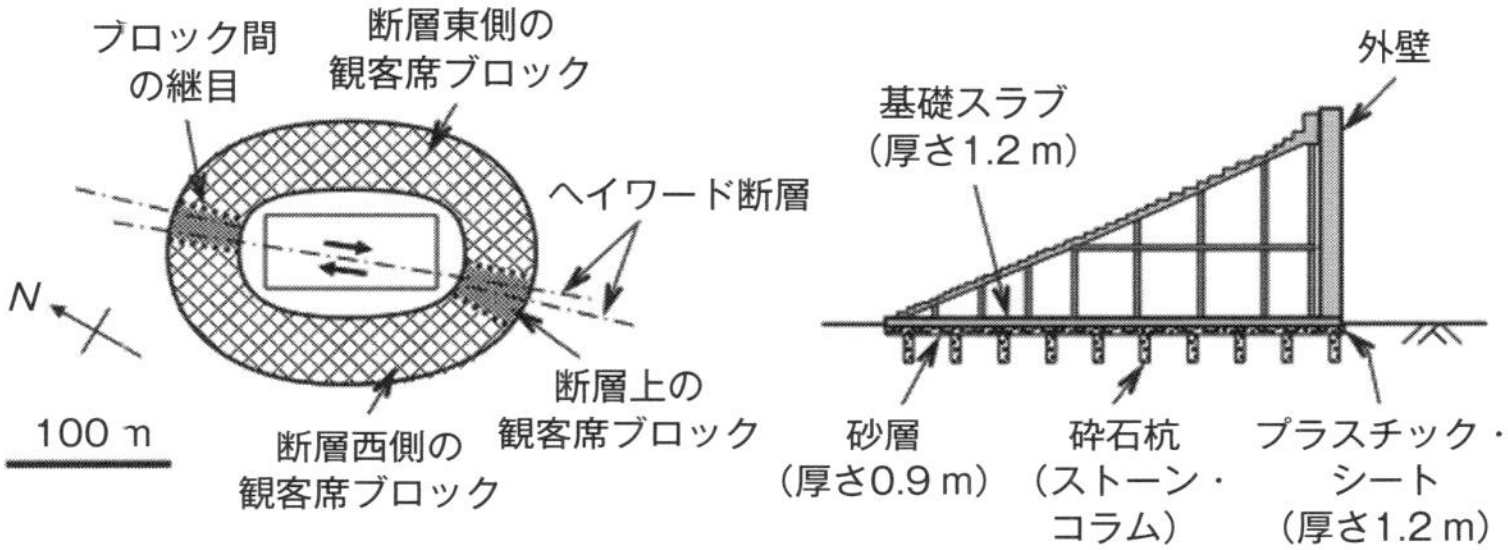

図 47　カルフォルニア記念スタジアムの対策
（左：平面図，右：断層上の観客席ブロックの断面図）
（出典：Friedman, D.A., Vignos, R., Walters, M.T., Petteys, C. and Bomba, G.: The seismic retrofit of UC Berkeley’s California Memorial Stadium, Struct. Design Tall Spec. Build. 21, S66-S80, 2012. の図に加筆修正）

次は**図47**に示す米国のアメリカン・フットボール用のカルフォルニア記念スタジアムの改修の事例です。このスタジアムはカルフォルニア大学のバークレー校のキャンパスにあり、カル・ゴールデンベアーズのホームコートですが、先に述べたヘイワード断層が両陣のゴールポストを貫くように縦断しています。この活断層は地震がなくても約一・二ミリメートル／年というゆっくりしたスピードで右横ずれを生じるクリープ性ですから、一九二三年の建設から改修直前の二〇一〇年までの九十年弱の間に約〇・一メートルも動きました。観客席ブロックの間には伸縮することができる継目が設けてありましたが、グラウンドや基礎スラブには段差や亀裂が生じてしまうのでしばしば補修を行っていました。一九七二年に制定されたカリフォルニア州の活断層法では活断層沿いで公共施設などの建築を規制しており、六万人を超える観衆が集まるスタジアムにおけるリスク対応は注目を集めました。法律に従うならば既設のスタジアムを解体撤去して影響を受けない場所に新しいスタジアムを建設する、つまりリスクを回避するべきです。しかし、数々の名勝負の舞台となった歴史的な建造物であることやリスクを低減ないし移転するための対策をとった改修の方が経済的であることなどを考慮して、移転を断念して改修することになり、二〇一二年に工事は完成しています。断層のずれへの対策としては、クッション効果を期待して断層上の観客席ブロックの基礎スラブの直下に厚さが一メートル弱の砂層を設けてずれを分散させ連続・平滑化させる免変位の考え方と、この砂層中にプラスチック・シートを挟み、さらに断層上とその両側の観客席ブロックの間に伸縮することができる継目を入れて構造を柔軟かつ分節化させる制変位の考え方によってリスクを低減しています。既設の構造物について、リスクの大きさや利便性そのほかの価値、さまざまな対策の経済性や有効性などを考慮して総合的に判断してリスク対応を行った例として参考になります。

5　まとめ

断層のずれへの備えについて、リスク対応（回避、低減、移転、保有）の考え方に基づいてまとめてみました。大事なことは、活断層の特性（位置、活動度など）、施設の特性（構造、重要度・便益、既設・新設など）、対策の方法（費用対効果など）を総合的に考慮してリスク対応を決定することです。活動度が高い活断層については重要な建築物や土木構造物の立地制限は合理的ですが、活動度が低い活断層のすべてを避けようとすることは賢明とは言えません。高速道路や高速鉄道などは、たとえ活動度が高いものであっても横断して建設せざる得ない場合も考えられます。人類がほかの自然災害ハザードによる脅威を知恵と工夫で克服しながら文明を築いてきたように、断層のずれにも対処することは可能です。個別の活断層が動く可能性はそもそも低いので高コストの対策は講じにくいため、費用対効果が高い対策の技術開発が必要でしょう。また、ずれの大きさについて不確かさが大きいので、設計での想定を超えた場合について被害を最小限に抑えて早期復旧するための対応も大切でしょう。

第6章

活断層問題の考え方の多様性
―原子力発電所を例に

1　さまざまな専門をもつ有識者へのインタビュー

地形学・地質学・地震工学・原子力工学などをご専門にされる有識者六人に、「活断層と原子力発電所の立地について」お考えを尋ねるインタビューを実施しました。インタビューはサイエンスライターの添田孝史氏が行いました。主に以下のような質問を投げてもらいました。

・今後も活動する可能性がある活断層であるかどうか、意見が分かれるのはなぜか？
・活断層のずれや活動時期を評価することはできるのか？
・活断層の真上にある構造物は、どんな対応をすべきなのか？
・原子力施設の真下で断層が数十センチずれたとして、工学的に対処できるのか？
・原子力施設と、病院などの一般施設で、断層変位への備えに相違があるべきか？

次々頁からは添田氏と各有識者のインタビュー内容を掲載します。また最後に有識者の考え方や見解を、①活断層のリスク評価ができるかどうか、②今後も活動する可能性がある活断層であるかどうかの認定、③活断層の評価を病気の診断に例えてみると、という三つの観点で整理してみました。

なおインタビューに出てくる用語について、以下に簡単に説明します。

《注釈》

○新規制基準

原子力規制委員会が、原子力発電所の審査をするために二〇一三年七月にまとめた委員会規則。地震や津波の想定手法を見直して、従来の耐震指針に比べて大規模な自然災害への対応を強化している。

○耐震指針

正式名称は「発電用原子炉施設に関する耐震設計審査指針」。一九七八年に原子力委員会が策定し、原発の安全審査に用いてきた。原発の耐震設計で考慮する活断層は「五万年以降に活動したもの」と定めていた。二〇〇六年に原子力安全委員会が全面改訂してより厳しくなり、これに沿って既存の原発の安全性の再検討（バックチェック）が二〇一一年まで進められていた。

○原子力安全・保安院

原子力安全行政を担当するため、経済産業省資源エネルギー庁の特別の機関として二〇〇一年の中央省庁再編で設置された。

○原子力安全委員会

原子炉の安全性に関するダブルチェックをするため一九七八年に内閣府の審議会として設置された。

○原子力規制委員会

東京電力福島第一原子力発電所の事故を契機に、原子力安全規制体制の改革のため二〇一二年に環境省の外局として設置された。これに伴い原子力安全・保安院と原子力安全委員会は廃止された。

奥村　晃史
（おくむら・こうじ）

広島大学教授　専門は地震地質学　地震調査研究推進本部専門委員
元原子力安全委員会専門委員

一問一専門家によって、どこが活断層なのか意見が異なることがあるというのは本当ですか。

一答一例えば、有名な『日本の活断層』（東京大学出版会）も、専門家の間で一致した見解ではなく、単なる寄せ集めの資料集です。批判的に見なければいけないのですが、そこまでできる人は少ない。特に工学の人には分からないでしょう。多少とも地質学が分かる人は、いろんな可能性があることを踏まえて、きちんと実証して、はじめて「危険がある」と言うわけです。だから慎重に活断層の線を引いて、みんなの合意を得られるように論理的実証的に進めなければいけない。しかし変動地形学の人たちはそうではない。「私が認定したから活断層なんだ」「専門家が見れば分かる」と言うのです。「ここに活断層がある」と認定して地図に線を引くことは、まだ科学の領域に達していないとも言えます。

一問一中国電力の島根原発の活断層をめぐっては、電力会社の調査より、変動地形学者の見解が正しかったことが、二〇〇六年に実際に掘削した結果で実証されています。

一答一島根の場合は、中国電力と旧原子力安全・保安院や、保安院発足以前に規制を担当していた資源エネルギー庁、旧原子力安全委員会が一緒になって失敗したのだと思います。活断層を延ばす勇気がなかったのでしょうね、「延ばすな」という意思が強く働いていたように見えます。一九六〇年代、七〇年代に国が設置許可を一旦出している。その当時より活断層が長いという情報が出てきても、国としては認めにくい事情があったわけです。電力会社の判断を認めていた規制当局の責任を問うておくべきでした。保安院ＯＢが「あれは全部電力が悪かったんだ」と言って、あとは口を拭って終わりです。もちろん電力会社にも過ちもあったし、正しくない情報を提供したり、それをもとに審査を進めていたりしたのも事実です。しかし保安院から原子力規制庁に移った担当官が「われわれが正義だ」みたいな感じで、それまでのことは全部忘れたみたいな話をすると、電力会社はたまったものではありません。その総括ができていないのが尾を引いているように見えます。

ただし、二〇〇六年に原発の耐震指針が改訂されて、バックチェック（古い原発が改訂指針に適合しているかの検討）が始まって、当初の許認可は一から見直しが進みました。バックチェックの審査は間違っていなかったし、今までたまっていた膿みは相当部分えぐり出せたと思っています。

―問― **今問題になっている原発の活断層については、学会推薦の研究者に審査してもらう形になっていますが、これなら公正に判断できているのではないでしょうか。**

―答― 推薦の形に問題があります。今問題になっている原子炉の下にあるのは破砕帯です。何百万年前、何千万年前に断層が動いた傷跡が破砕帯として残っている場合もあるので、破砕帯が活断層とは限りません。慎重に分析して活動性があるかどうかを検討すべきであったのに、有識者の多くは破砕帯に詳しくない変動地形学の専門家でした。彼らは地形から見るのが専門であって、実際にそこで断層が動くと岩石がどういうふうに破壊されて破砕帯がどういうふうに形成されていくか、最近動いたかどうか、そういったことには詳しくない人が審査したわけです。

一問一現地に行った人は変動地形学者が多かったとしても、ピアレビュー（類似の専門家間での内容のチェックシステム）には地質学者も多くいたのではないですか。

一答一原子力規制委員会が有識者を選ぶときに、これまでに保安院や原子力安全委員会で審査に携わった専門家は全員排除されてしまったのです。批判はあったかもしれませんが、何年間も審査に携わってきた経験や知識のある専門家が全員いなくなってしまいました。

規制委になって新たに加わった有識者は変動地形の専門家たちが中心でした。地質学会は破砕帯の分かる人を推薦して、大飯原発では「活断層でない」という結論を出した人もいますけれど、それ以外の地質学者は初めに結論ありきで変動地形学の人に付和雷同していたとしか見えません。

原発にかかわる断層については、電力会社が調査をして膨大なデータを出しています。その膨大なデータから「活断層でない」と立証するのは電力会社の仕事ですが、有識者の仕事は結局、敦賀原発や東通原発について見てみると「電力会社の言うことはもっともだが、そうではない疑いは否定できない」と決めつけて、電力会社の証拠を全部無視しています。電力会社のデータをきちんと見て、そこから最大公約数的な証明をしなければなりませんが、そういう努力はしていないようです。

―問―電力会社の言い分を、第三者が裏付けているところはないのでしょうか。

―答―日本原電は、国内外の専門家を集めた第三者委員会を作って検証し、敦賀原発の調査や解釈、成果は正しいと確かめてもらっています。しかし「第三者委員会といっても、参加者は原電からお金をもらっているのだろう」と、反対派や反対派の立場の有識者から言われます。しかし、それは国際的には当たり前のことで、世界のどこでも原子力の世界でそういう判定をする人はコンサルタントなのですよ。コンサルの人は規制側であろうと事業者側であろうと無料で仕事はできるわけがありません。だからこの第三者委員会だってそのプロセスに一切問題はないはずです。

学会の場で議論することはなかなか難しいですね。断層があるかないかという議論自体はアカデミックな議論でもなんでもないですから。私みたいな意見を持っている人と、原子力許さん、電力許さんという人がやっぱりいますから、学会で意見を言うと必ず紛糾します。対立する意見が出たときに調整できる学会なんてありませんから。

―問―仮に原発直下の断層が動くと考えると、確率的なリスク評価はできるのでしょうか。

―答―原子炉の基礎版の下に段差ができたとき、プラント全体にどう影響するかシミュレーションの検討が進んでいます。どれだけ動くかの予測が重要になります。過去に動いた履歴がある活断層なら「これは一メートル動くからどうか」とかいう検討ができるけれども、今問題となっている破砕帯は動いた痕跡はみつかっていません。そういうとき、敦賀原発の例で考えると、浦底断層という活断層で、断層の食い違いが、例えば二メートル生じたときに、活断層周辺の岩盤にどういう力が加わるか、岩盤にある破砕帯に食い違わせようとする力がどのくらいかかるか、そういう計算をすることが可能です。破砕帯に食い違いを生じさせるには相当大きな力が必要なので、仮に動いても何十センチも動くことはない、メートルオーダーのような破壊的なずれにはならないだろう、ということが分かってきています。

リスク評価を認めないのは国際的には非常識です。国際原子力機関（IAEA）の安全審査指針では断層変位問題について、既存の炉は表土を全部削り取って地質データが無くなっているから地層を見て決定論的に評価はできない。だから確率論的リスク評価を進めるべきであると書いてあります。「活断層かどうか分からない破砕帯があるから原発を止めましょう」という議論はもう日本だけでしょうね。

地震や津波、人的な原因、あるいは機械の故障などで引き起こされる事故が、最終的には炉心損傷を引き起こす確率を検討して、安全かどうかを総合的に判断する視点が、日本の基準にはありません。長期的には基準を変えなければいけないと思います。福島事故の前までは御粗末なリスク評価しかされていなかったので、その段階のものを見て「こんなものは使えない」と思っている人はまだ多いかも知れませんが、それ以降は変わってきているのです。

―問―断層変位への対策は一般施設ではどうあるべきでしょうか。

―答―地震の被害は、揺れによるものが、例えば阪神大震災では九十九パーセントぐらいです。断層の上に建物を建てないようにしても、ほとんど被災率は改善しないと思います。本当に真上で、今度地震が起きたらここで二メートル食い違うよ、と分かっている場所であれば考慮しても良いですが、そういうところはむしろまれです。地震災害を減らすには、優先順位がもっと高い施策があるでしょう。

鈴木 康弘
（すずき・やすひろ）

名古屋大学減災連携研究センター教授・総長補佐　専門は活断層・変動地形学、地理学　地震調査研究推進本部専門委員、原子力規制委員会外部有識者

問 そもそも何を活断層とするか、定義が曖昧だという指摘があります。

答 原発の審査における活断層の定義は、二〇〇六年に全面改訂された「発電用原子炉施設に関する耐震設計審査指針」（原子力安全委員会、以下、改訂指針と呼ぶ）や、「活断層等に関する安全審査の手引き」（二〇〇八、同）が策定される際に何度も議論され、明確化されています。未だに「定義が曖昧」という批判があるとすれば、十分に周知されていないためでしょう。改訂指針の定義で重要な点は、「後期更新世以降（十二～十三万年前以降）の活動が否定できないもの」としたことです。旧指針（一九七八年）に「否定できないもの」という文言はありませんでした。

旧指針では、最近五万年間に活動した「証拠がある」断層を活断層としていました。しかし改訂指針では「活動していない」と言い切れなければ活断層とすることを求めています。「グレーは黒」と判断することに変わったのです。科学的な客観的評価をつくした後にもなお残る不確実性については、一定のルールに従って「安全側判断」をします。現在、敦賀原発など、敷地内にあって問題視されている断層について電力会社が主張していることは、「シロとも言える」という一つの見方であって、「シロだ」と言い切るための基準を満たしていません。

地震を起こす主断層のみでなく副断層も考慮することや、これらの断層上に重要施設を置いてはならないことも、新規制基準（二〇一三）以前に決定済みです。研究者の中には、「活断層」を主断層に限定したいと我流にこだわる人もいて、混乱を招く場合があります。これを避けるため、「指針」や「手引き」が「耐震設計上考慮する活断層」と呼んでいたものを、新規制基準では「将来活動する可能性のある断層等」と呼ぶことにしました。これは国際原子力機関（IAEA）が対策上考慮すべきとする「可能性のある断層」（Capable Fault）に相当します。

―問― 改訂指針と比べて新規制基準では活断層の考え方がさらに厳しくなったのではないのですか。

―答― 新規制基準は改訂指針を踏襲したものです。活断層（正確には「将来活動する可能性のある断層等」）の範囲を拡大したわけではなく、ルールを厳格に運用することに主眼が置かれました。二〇〇六年～二〇一一年まで改訂指針の下で行われた点検（バックチェック）に問題があったからです。例えば二〇一〇年の審査で、青森県六ヶ所村がある下北半島の東方沖合の断層をめぐり、ある委員は事業者の見解に反対し、活断層であると強く主張しました。最終的に、その委員の意見は合理的に否定されないまま、「活断層ではない」と結論されてしまいました。このような審議は新規制基準では厳しく禁じられていますが、当時としてもルール違反でした。新規制基準と従来の規定との関係については『原発と活断層』（拙著：岩波書店）に詳しく書かれています。

一問一「活断層かどうかの認定に個人差があって科学的でない」という意見もあるようです。

一答一 心臓外科医に優劣があることは誰もが知っていますが、「医学は科学ではない」と言う人はいません。理学でも工学でも能力差はあります。活断層の認定には、航空写真で確認される地形構造や、地層観察結果、地下探査情報などに関する総合判断が求められ、高度な洞察力が必要です。特に地形の成り立ちから読み解く変動地形学的な判断は、コンピューターでは真似できない複雑なパターン認識でもあります。そのため研究者の能力に左右されることもありますが、研究者どうしが虚心坦懐に議論すれば、ほぼ一致した結論を導きだすことができます。そうでなければ、過去二十年間も、研究者の合議制の下で『都市圏活断層図』(国土地理院) が刊行され続けることはなかったでしょう。

地形学者と地質学者が対立しているかのように言われることもありますが、東大地震研の松田時彦先生の下で一九七〇年代から八〇年代にかけてオールジャパンで進められてきた活断層研究では、両者は双方を学び合い、うまく融合して『日本の活断層』(東京大学出版会) を編纂するなど大きな成果を挙げてきました。原発にかかわる特殊な領域においてのみ、さも対立があるかのように宣伝されているとしか私には思えません。

一問一 すると、どうして電力会社と原子力規制委員会の間で、「活断層である」「活断層でない」といった議論が続いているように見えるのでしょうか。

―答― 審査のルール上、問われるべきことは、「将来活動する可能性のある断層ではないと言い切れるかどうか」です。言い切れるというのが事業者の主張で、言い切れないというのが規制委の見解です。敦賀原発の敷地内断層が約十五万年前以降に活動していたことに異論は無く、問題は十二万年前以降の活動が完全に否定できるかどうかでした。事業者が主張する事実認定は、審査会合の度に変わるような状況で、データ選択の客観性を確認できないこともありました。

こうした状況には触れず、「判断にかかわった有識者が偏っている」とか、「安全性を過度に重視している」などという批判があるとすれば、それは議論のすり替えです。審議に加わった有識者は、活断層研究を担う四学会（日本活断層学会、日本第四紀学会、日本地質学会、日本地震学会）が推薦した人たちで、ほとんどの有識者は複数学会から推薦されています。地質学者と変動地形学者がちょうど半々でした。敦賀の評価においては構造地質学者一名と変動地形学者三名という構成でしたが、最終的にはその他の有識者によるピアレビュー会合も開かれ、全会一致で追認されました。規制委員会の方針により、バックチェックなどに関わった専門家が参加できなかったことは残念でしたが、中立性に問題があって外さざるを得ない一部の人がいたためにやむを得なかったと思います。

―問― 重要構造物の下に活断層があっても、壊れなければ良いとか、確率論的なリスク評価こそが重要だという主張もありますが。

―答― その検討は、まず、原子炉直下の断層が「将来活動する可能性のある断層」であることを認めるところから始まるということが重要です。そうでなければ検討すらされません。

そして次に問題になるのは、断層変位を十分予測できるかという点です。敦賀で問題になっている断層は比較的小規模な副断層と呼ばれるものであるため、ずれる大きさやずれる確率について信頼性のある予測は困難だと私は考えます。事業者側は、「原子力発電所敷地内断層の変位に対する評価手法に関する調査・検討報告書」（一般社団法人原子力安全推進協会・敷地内断層評価手法検討委員会、山崎晴雄・主査）を根拠に、リスク評価できるとしていますが、これには多くの問題点があります。理論ではなく過去の事例からの推定で、「副断層が三十センチ以上動く確率は二十万年に一回より小さい」というのが結論ですが、「事例数が少なく統計的に意味がない」と、当時規制委員だった島崎邦彦先生も規制庁内で批判されました。「（活断層〈主断層〉の活動する確率）×（地表変位が生じる確率）×（副断層がずれる確率）×（副断層のずれが三十センチを超える確率）」という計算式で副断層の危険度を計算していますが、各事象間の関連性は単純ではありません。主断層が地表変位を起こさなくても副断層が生じることもありますから、このように掛け合わせることで確率が計算できるのか疑問です。明治以降に起きた十四の地震の解析によれば副断層のずれは概ね三十センチ以下であるとし、「副断層の最大値を示していると理解できる」と書かれていますが、わずか百二十年間の記録から「理解できる」と言えるのでしょうか。また、二〇〇八年の岩手宮城内陸地震の際に五十センチ近くずれた地震断層は副断層の典型ですが、この値は検討対象から外されています。

断層がずれても工学的に耐えられるなら良いという考えには一理ありますが、問題は、断層の挙動が予測できるかどうかと、断層がずれても大丈夫だと保証できるかどうかです。後者について私は専門外なので分かりませんが、新規制基準を検討するチームにおいて、日本建築学会の和田章会長と島崎委員が、現状では信頼性が足りないために採用できないと判断されました。それは、悪条件でも技術力で克服して原発を造るのが国策であるとしたこれまでのやり方を、東日本大震災の事例を重く見て、こと原発に限っては無理しない方向に舵を切ったとも言えます。

―問―原発に限らず、断層変位に対して、構造物・建築物はどう対応するべきでしょうか。

―答―地震動による被害は、断層直上以外でも生じますが、ずれによる被害は直上でしか生じません。この明快な事実をどう受けとめるかだと思います。構造物や建築物の重要度や、致命的な二次災害の発生源になり得るかなどを考慮することは当然のことだと思います。

一方、『都市圏活断層図』などが整備され、活断層の位置情報が周知されていますから、万が一、活断層がずれて被害が生じたとき、「想定外」といって責任を回避することはもはやできません。個人の建築物ならともかく、学校や病院といった不特定多数の市民が利用する公共建築物の所有者には、管理責任がすでに発生しています。自治体では自主的な取り組みが始まっています。徳島県は二〇一三年から、活断層が通過する位置がはっきり分かる場合、幅四十メートルの範囲を地域指定し、そこに公共的建物を建てることを事実上禁止する条例を施行しました。実際にずれて被害が生じる確率は低くても、移転するなどして危険回避できるからには、「分かっていても放置する」ことに合理性はありません。

―問―鈴木先生は原発に反対のお考えなのですか。

―答―是非論とは別です。私は規制委が発足後に新たな原発規制のルール作りに協力しましたが、これは一定基準を満たした原発を合格させるためのものだと理解しています。つまり、是は是、非は非を判断する立場です。それを貫くことは科学者の当然の義務であり、審査に関わる有識者には遵守義務があります。新規制基準はおろか、東日本大震災より前に決められていたルールにすら適合していない原発が万が一あったとすれば、それを非とすることは当然です。それすらまかりならぬと言う人がいるとすれば、国会の事故調査委員会に「規制の虜」と評された、旧体制の懲りない人たちと言わざるをえないのではないでしょうか。

堀　宗朗
（ほり・むねお）
東京大学地震研究所教授　専門は計算地震工学

問　原発直下の断層問題をどう見ていますか。

答　まず最初に、同じ調査の同じデータを見ても、専門家の間で意見が分かれるようでは、活断層の研究はまだ完成していないように思われます。意見が分かれること自体は問題ではありません。しかし、専門でない者の目には、かなり最初のところで意見が分かれているように見えます。「ここでは同意できる」という共通の認識があり、そのうえで「この点には意見が分かれる」という形になっていると、合理的な議論ができると思います。これは、科学全般の共通の在り方と思います。

原発を計画した時点でも活断層をめぐる議論はありました。さまざまな専門家がいろいろ検討したうえで、建設に着手しました。過去の検討を全部ご破算にして新しい観点で見直す、ということは決して悪いことではなく、頭ごなしに否定するつもりはありません。しかし、活断層に関する新しい観点、さらに言えば、新しい知見がなければ、過去と同じような結論が出てくるようにも思われます。

地震が多いほか、被爆国である我が国で原発を建設することはとても難しい課題だったと思います。それでも原発建設を判断しました。今の技術レベルではとても高いとは評価されない精度で建設したところもあるように思われます。その代わり当時の最高の研究者が関わったので、いろいろな意味で合理的な建設ができたのではないでしょうか。憶測のそしりは甘んじて受けますが、全体を見た議論があったので、自分の知識の確からしさの割合を判断して「絶対確実ではないが、全体を見ると活断層は許容範囲にあるだろう」ということが合意できたのだと思います。

繰り返しですが、このような過去の検討をご破算にして新しい観点で見直す、ということは決して悪いことではありません。過去の経験を批判的に見ることは大事です。しかし、できれば、合意できる新しい知見に基づいた再検討であると良いと思っています。

さて、現在は専門領域に細分化されています。細分化は効率的ですが、全体を見ることが要求されないと、個別判断のみが並列することになります。極論すれば、ある一つの項目のダメ出しで全部が止まるようになり、細分化が逆に効率を下げることになります。活断層の専門家に限りませんが、やはり他分野のことや原発全体のこともある程度知ったうえで、専門知を活かすことが必要と思われます。

専門家と総合判断は、一見、馴染まないように思われます。専門家の目には絶対に容認できないこともあるでしょう。しかし、巨大システムに関わる以上、さまざまな項目に相応に目を配ったうえでの専門知の発揮が求められるようには思われます。

一問一 今の安全審査のルールがおかしいということでしょうか。

一答一 短絡的にまとめてみます。「活断層が下にあるかもしれなければ、審査を通らない」ということであれば、ルールがおかしいと思われます。もちろん、このような短絡的なことでは決してないのですが。しかし、その根底には、断層が動いても原発が大丈夫か、という単純な問いがあります。原発の下の断層が動くことは未経験です。いろいろな推論が出てくることは自然です。しかし、最後は判断するしかない。未経験であるから判断できないという論理に忠実に従うと、地震国である日本に超高層ビルや本四架橋といった巨大構造物を建設することはできなかったかもしれません。

原発は、危険があるが、エネルギー問題を解決する利益の方が大きい。この判断に基づいて国民の間でも相応の納得があり、原発が使われてきたと考えています。なお、私個人に限れば、原発は無くすべきと思っています。ただし、いつ無くすかはまじめに考えないといけません。国のエネルギー戦略を立てたうえで、原発をいつまで使うのか、大きなスケジュールを決めることが必要と思っています。原発の建設を決定した当時と同様、もう一度、原発をいつ止めるかという検討が必要だと思っています。

先ほど述べたように、過去の検討を全部ご破算にするのであれば、このような点こそを検討したうえで、活断層の問題も判断するべきです。ほかの自然災害や事故などの「リスク」全体に対する備え方の議論を踏まえたうえで、個々の事象を扱うことが必要かもしれません。一般論ですが、活断層に対してだけ極端にリスク回避を進めてもバランスに欠けます。

一問一原発の下で断層が数センチずれたとして、工学的に対処できるのでしょうか。

一答一これは対応できるでしょう。無責任な言い方ですみませんが。ただし、断層変位は過去の対応例が限られているので、「しっかりとした検証が必要」という慎重な態度が絶対に必要です。それでも、一メートル変位すれば対応不可能であるが、数十センチならなんとかなる、数センチ程度なら、対応に何の問題もない、と言うことはできるでしょう。もちろん、断層の変位の量を予測する精度も考慮しなければなりませんが。

一問一断層変位の影響を予測する技術は進んでいるのでしょうか。

一答一断層の変位がプラントにどういう影響を与えるかを解析する技術は進んでいます。それを支える計算機の能力が桁違いに上がったので、「断層が変位を起こすと原発がどうなるか」に関して予測できる確かさは格段に良くなっています。例えば、設計当時は、原発を串団子のようなモデルに単純化して計算していましたが、今は自動車などの設計と同じように、三次元の構造をそのままモデル化して数値計算する手法が取り入れられつつあります。

日本の原子力業界は、近年は新設が無かったので、発展したほかの産業分野に比べて技術力が見劣りするところはあるかもしれません。さきほどのモデルは典型例でしょう。開発当時は、串団子のようなモデルが最先端であったのです。そして、他国の原子力業界と比べれば、十分に高いレベルの技術を持っています。世界全体のエネルギー事情を見ると、しばらくの間は世界各地で原発が必要なのは明らかなようです。安全性を担保するには、日本の技術貢献が不可欠です。安全な原子力システムを世界に広めること。原発の代替が明確化するまでは、この貢献は、世界全体にはプラスでしょう。トータルのリスクを低くし、コストは安くすることにつながるからです。

活断層という狭い領域における判断だけで原発の命運を決めるのではなく、もう少し大きな視野で今後のあり方を考えていくことも大事であると思っています。

宮野　廣（みやの・ひろし）

法政大学客員教授　元東芝原子力技師長
日本原子力学会標準委員会前委員長

―問―原子力の世界で、活断層に対する見方や備えは変化してきたのでしょうか。

―答―原発の建設当時から、明記はされていませんが「活断層の上に原発を造らない」ことは考えられていました。ただし、当時は活断層がどれだけの揺れをもたらすかを考慮するのが設計での主な課題でした。

また従来は五万年前以降に活動したものを活断層と考えてきましたが、最新の規制基準では最大四十万年前まで遡るように厳しくなっています。さらに、活断層という言葉が、以前とは異なる範囲で使われるようになり、主断層から枝分かれした枝断層や破砕帯も含めて活断層と言うようになってきているように見えます。以前から活断層とされてきた主断層は昔から避けているので大きな問題は無いと思いますが、断層の見方が変わってきて、枝断層の割れがどこまで伸びるか、破砕帯がどこまできているか、最近の議論でクローズアップされているのはそういうところです。

―問―断層のずれを、リスク評価することはできるのでしょうか。

―答― 枝断層なども含めて、断層の変位が原発の構造物にどのくらい影響を与えるのか、リスク評価しようという動きが五年ほど前から始まっています。米国西海岸の発電所や日本の原発を対象にして研究されています。建物のモデルがあるので、それに断層の変位を与えてみて検討することは比較的容易にできます。難しいのは、断層がどれくらいの確率で、どのくらいずれ動くか、その評価です。その不確定性は非常に大きく、一方で構造物側の計算は比較的高い精度があります。

地震の揺れのリスク評価も同じ傾向があります。揺れの大きさはまあまあ読めます。断層変位も、このくらいずれるだろうという大きさは出せそうです。だいたいこれぐらいになるのではないか、とおおよその分布を専門家で議論しています。しかし、いつ発生するかについては、非常に不確定性が大きいままです。

今問題となっている枝分かれした断層についても、主な断層が動いたときに、変位や力がどう伝わってきて、枝部分がどのくらい動くのかは、だいたい評価できそうです。そういう方法を用いて、発生時期の予測は難しいので、最悪の場合のずれが明日にでも生じたときに原発の安全性が保たれるのか、そんなリスク評価をすることが必要だと思います。

今まで進めている段階では、配管類の破断のような大きな破壊はありえなさそうです。原発の下の断層が活断層なのかどうか、無駄な議論に時間を費やすのではなく、早くそういう計算を進めて、最大動くことを考えても、安全性はこうなりますと評価するのが本来の安全審査の形なのではないでしょうか。

―問―リスク評価の手法に不信を持っている人もいます。住民が命を託せるほど信頼できるのでしょうか。

―答―原子力安全基盤機構（二〇一四年に原子力規制庁と統合）が二〇〇七年に、福島第一に津波のような浸水があったらどうなるか、リスク評価をして公表していました。ほとんどの外的事象で事故が引き起こされる確率は一億年に一回という程度なのに、洪水や津波で水につかった場合に炉心損傷に至る確率は百分の一より大きく、桁はずれに高いリスクが明らかになっていました。

不確実性が大きいことを定量化しようとするのがリスク評価ですから、リスクの数字そのものはそんなに信頼性が高いわけではありません。しかし同じ手法で比較してみると、原発の弱点が浮き彫りになります。そういう使い方をするものなのですが、まだ理解が広まっていないようです。また福島事故までは、「原発はリスクが低い」ということを強調するために、偏った使われ方をしてきた一面もあります。

福島第一は、津波が弱点だとリスク評価で明らかになっていました。ほかの要因に比べて明らかに差があるから、ちゃんと手を打たなければいけない、そういう判断に使えなかったのは非常に残念です。

―問―原発と、病院などの一般施設で、断層変位への備えは違って当然なのか、同じであるべきなのでしょうか。

一答一原発はもし放射能を漏らせば社会全般に大きな影響を与えるから、そのリスクが低くなるように手をうってあります。病院などは、個人が利用するものですから、個人である程度は選択ができます。事故を心配して、どういうリスクが大きいか考えて交通機関を選ぶのと同じで、この病院はどこにあるのか、大きな断層の上にあるのか、津波が来たら浸水するところにあるのか、いろいろなことを自分で考え比較することができます。しかし、断層の上にあるかないかは、個人の生活では、ほかのリスクと比べたらとても小さくて、選択したとしても、実はトータルのリスクは減らしてくれません。

原発に影響を与える外的事象でも、地震の揺れ、地震動がもっとも大きなリスクです。破局的な被害を避けるためには、津波や火山も考えなければいけません。その中でどうして、断層の変位だけはリスク評価をしようとしないのでしょうか。主要な活断層は避けていますが、古傷的な断層はどこからでも出てきます。「今後も活動する疑いがある」というだけで、使えなくするのはおかしいと思います。

中田 高（なかた・たかし）

広島大学名誉教授　専門は変動地形学　日本活断層学会会長、原子力安全委員会「地質・地盤に関する安全審査の手引き検討委員会」専門委員などを務めた。

一問一原発真下の断層が今後も動くのか、電力会社と専門家でなぜ意見は分かれるのですか。

一答一電力会社の言い分に耳を傾ける前に、彼らによる活断層の評価が、これまでどれだけ間違っていたか知っておくべきです。分かりやすい例が中国電力島根原発の調査です。島根原発一号機・二号機は一九七〇年代から八〇年代にかけて「設計上考慮すべき活断層は周辺にない」として建設されました。一方、活断層の研究者はそのころから、原発から二キロの地点に長さ十八キロ以上の活断層があると指摘していました。中国電力は「変動地形学の方法は航空写真を見ているだけで確実ではない」と研究者らの判断を強く批判していたのですが、証拠が次々と見つかって逃れようがなくなり、活断層を小出しに延ばして認めていきました。ゼロだったのを八キロ（一九九八年）に、さらに十キロ（二〇〇四年）、二十二キロ（二〇〇八年）という具合で、今も調査は続いています。

どうしてそういうことが起きたのでしょうか。中国電力が「無い」と断言していた場所で私たちが活断層を掘り起こしたとき、電力サイドの研究者がやってきて、「こうも立派なものを出してもらうと、どうにもなりません」とぼやきました。これは、「少々のものなら解釈によって活断層を否定できたのに・・・」のように聞こえました。研究者側が独自に調査し、はっきりした証拠を出さないと、電力会社は自分たちの非を認めません。

原子力の分野で活断層の調査方法を定めている土木学会の原子力土木委員会は、『日本の活断層』（東京大学出版会）などの変動地形学的な認定手法に対して疑いを持っていたようです。この委員会は『日本の活断層』が確実度1（存在が確実）とした十一の断層を取り上げ、そのうち地質調査で確かめられるものは一つしかないと見解を出していました。しかし十一のうち十は、のちに政府の地震調査研究推進本部が主要活断層として認めており、原子力の世界の判断がいかに誤っていたか明確に示しています。

―問― よその原発でも同じですか。

―答― 最初は自分の研究フィールドだった島根の事情しか知りませんでしたが、のちに原子力安全委員会の専門委員を務め、よその原発でも同じ状況だと分かりました。

例えば日本原電敦賀原発では、炉心から二百メートルのところに活断層の浦底断層があります。ここも研究者は古くから指摘していましたが、原電は二〇〇八年まで活断層と認めませんでした。産業技術総合研究所活断層研究センター長（当時）の杉山雄一さんが、原子力安全委員会の会合で、日本原電の調査や判断について「専門家がやったとすれば犯罪」とまで言ったほどです。土木学会が作った活断層の認定手法は、活断層に詳しくない専門家が勝手に策定したものであり、変動地形学的な視点を入れないとダメだというのは、すでに決着がついているのです。

大きな浦底断層さえ活断層であることをずっと否定し続けた日本原電は、その問題について総括していません。もし同じメンバーで活断層調査を続けているとしたら、彼らには現在問題となっている炉心直下の微妙な断層を調べる能力も資格も無いと言えるでしょう。

一問一 耐震指針が見直された後は、活断層の審査は正常になったのではないですか。

一答一 変動地形学の知見を取り入れて二〇〇六年に「発電用原子炉施設に関する耐震設計審査指針」が全面改訂された後も、同じような問題が続いています。二〇〇八年に設置許可が下りた電源開発大間原発は、沿岸の海底活断層を審査で考慮しませんでした。島根原発の活断層過小評価にかかわった専門家が、ここの審査を担当していました。二〇一〇年に設置許可された東京電力東通原発では、今後も活動する疑いがある断層の真上に原子炉が計画されています。

これまでの安全審査で間違いを繰り返してきた専門家は、原子力規制委員会の審査からは外されましたが、土木学会の原子力土木委員会や、電力会社が設計する際の基準類を作る日本電気協会の原子力規格委員会に名を連ねています。それでは改善は期待できません。

もう一つ残っている問題は、調査のやり方です。規制委員会になっても、電力会社に調査させてその結果を審査する形は変わっていません。電力会社が場所を選んで掘削調査し、時間をかけて独自に解析した報告書をもとに議論されています。外部有識者は数日だけ現場を見てそれを評価する、というのは無茶な仕組みです。中立的な調査のためには、原子力規制委員会が電力会社から調査費用を徴収し、公正な第三者に委託して調査してもらえばいいのではないでしょうか。

電力会社は、国民が何を期待しているか分かっていないようにも見えます。きちんと調査をして安全であればそれでいいし、危なければ適切に対応すればいいのに、自分たちに都合の良い解釈を繰り返しているようで、活断層に対する態度、体質が変わっていないのです。

―問―原発の直下で断層のずれが生じたとしても、工学的に対処できるのではないですか。

―答―まだ分かっていないことが多いのです。例えば二〇一三年にフィリピンのボホール島で発生した地震では、地震を起こした断層から離れた場所にある地質断層が二メートルもずれました。地震前の航空写真を検討しましたが、過去に動いた証拠がまったく認められない場所がずれ動いています。敦賀原発で問題となっているように、大きな活断層のそばにある古傷は、再活動することを警戒しなければいけないということです。予想、対処できるという研究者もいますが、事実として大丈夫じゃないことが起きているのです。このような断層の真上にある原発を、あえて再稼働する必要はないというのが、多くの国民の考えではないでしょうか。

重松　紀生
（しげまつ・のりお）

産業技術総合研究所活断層・火山研究部門地震テクトニクス研究グループ主任研究員　専門は構造地質学　原子力規制委員会外部有識者

―問―原発の真下の断層が活断層かどうか、意見が分かれるのはなぜですか。

―答―決定的なデータが得られにくいからです。最近活動しているかどうかは、第四紀（約二六〇万年前以降）の地層を断層が切っているかどうかが確実な方法です。しかし、原発敷地では多くの場合、第四紀層がない、もしくは失われているため、第四紀層に基づく判断が困難です。事業者は一定の調査はしていますが、往々にして決定的なデータは出ていないことが多いです。また、一か所のトレンチ調査で、地層を切っているから「活断層だ」とは断言はできないこともあります。地すべり等の可能性もあるからです。隣接する場所の状況などを含め、総合的な判断が必要になることもあります。一か所だけで判断しようとするか、全体を見て判断するか、研究者によって考え方の違うこともあります。

―問―データが十分に得られないのはなぜですか。

―答―調査を電力会社など事業者まかせにしていることも一因です。事業者側からみると、敷地内の断層は活断層であって欲しくないと思うのが現実だと思います。そうした中で、巨額の費用をかけて決定的なデータを出すことで、活断層という結論になることは、企業経営のリスクとして回避したいと考えるではないでしょうか。しかし、決定的なデータがなければ、いつまでも判断できず、あいまいな結論にならざるを得ないことになります。

裁判で例えてみましょう。検察が調べたことに対して、裁判所が妥当かどうかを判断します。原子力規制委員会は、裁判所に相当する形では機能しますが、検察のように証拠を集めて、辻褄が合うか解析して、判断することまではしていません。事業者を被告に例えるのも失礼ですが、いまは検察が出すべき調書を、被告の立場の事業者自らがまとめています。

―問―これまで参加されて完了した審査で、決定的なデータがなく結論に困った経験はありますか。

―答―審査の初期の段階で規制委が要求した調査を、事業者が行おうとしなかったことはあります。このときは有識者のメンバーは、報道されている以外に総日数で三週間ぐらい現場に入っています。この過程で、「活断層でない」ことを示すデータが出始め、これを機に事業者が取り始めた膨大な量のデータが決定的な結論につながりました。この中には深さが四十四メートルもある活断層研究者の常識を超える大規模なトレンチ調査も含まれます。このトレンチ掘削には自然公園法の手続きが必要なため、時間がかかったとも聞きました。

―問―十分なデータを得るにはどうすると良いでしょうか。

―答―理想的には、原子力規制委員会が自ら調査権を持つことです。現状のやり方はデータの整理、解析まで有識者に求められ、負担がかかり本業にも影響が出ています。「（事務局の）規制庁でやるべきだ」と少し注文をつけたことがあります。規制庁は地質コンサルタントに発注しようとしましたが、諸事情からうまく行かなかったと聞いています。規制庁が博士号を持つ専門職員を複数かかえて、幅広く目配りできるようになることが理想です。

―問―規制委が採用した学会推薦の仕組みで、活断層の調査に研究者の世界の意見がうまく反映されているでしょうか。

―答―なかなか難しいところがあります。学会は有識者を推薦はしますけれど、推薦した個人の発言内容に学会が縛りをかけているわけではありません。そういう意味では、学会の意見が必ずしも反映されるわけではありません。個々の原発サイトについて審議する有識者は四人で、さらにピアレビューもして、有識者会合に推薦されて集まった専門家二十人の中でどういう判断になるか意見は集約されますが、推薦元の四学会の学会員総数一万人を超える数の総意を、それで代表できているかと言われればちょっと厳しい面があると思います。とはいえ、現状の学会推薦より優れた仕組みがあるかと問われると、これも難しいです。

一問一原発が造られ始めた半世紀ほど前から、活断層の学問はどんなことが進歩しましたか。

一答一断層にどういう力がかかるのかとか、その地域の地殻にかかる力で、その断層が動きやすいのかどうか、などが定量的に判断できるようになりました。地震の観測網がきめ細かく整備されて、その地域にどんな力がかかっているか判断できるようになったことや、また観測データの解析手法が発達したことも背景にあります。

一問一活断層の真上にある構造物は、どんな対応をすべきなのでしょうか。

一答一病院や学校は、もしそこに活断層があると分かっているなら、それは建てないに越したことはないと思います。学校もそうですが、特に病院は自分では動けない人もおられるし、そういう状況で建物が倒壊すれば命が保証できません。

一問一原発については、「たとえ活断層の真上だったとしても工学的に解析して安全が確認できれば大丈夫」という専門家の意見もあります。病院は避けた方が良いのに、原発は真上でも大丈夫、と対応が異なるのは、素人には分かりにくいです。

―答―病院であれ、原発であれ、工学的に確実に被害が避けられるのであれば、それでかまわないと思います。しかし事前にずれが予測できるのであれば問題ないですが、そう簡単ではない。例えば兵庫県南部地震（M7.3）のときに、神戸は大きく揺れましたが、地表にまでは断層のずれが届きませんでした。しかし過去の地震では地表までずれています。二〇〇八年の岩手宮城内陸地震（M7.2）で十センチほどずれた断層をトレンチ調査してみると、過去の地震では二メートルずれていたのが見つかりました。最新の地震で十センチしか動かなかったから、将来のずれも十センチだろうとは言えないわけです。あるときは少ししかずれないけれども、時には大きくずれる、という具合に変位の予測は一筋縄ではいかない。「変位は予測できる」と言う人もいますが、活断層の研究者すべてが認めているわけではないと思います。

―問―それは主断層の予測であって、枝分かれしたような小さな断層では、変位する量はだいたい分かるのではないでしょうか。

―答―それも難しいと思います。例えばガラス板の一か所に切れ目を入れたとき、亀裂がどう伝わるか予測せよというような問題と似ているので、そんなに簡単ではありません。

2　インタビュー内容を振り返って

さまざまなご専門の有識者に対してインタビューを行った目的は、活断層に関してさまざまな考え方や見解があることを明らかにしたかったからです。有識者からは、それぞれ個性のある回答を得ることができました。活断層に関して全く正反対の見解もありましたし、正反対の見解を認めたうえで活断層の対処の仕方に関する考え方もありました。読者の皆様もさまざまな感想を持ったことでしょう。有識者の考え方と見解を、細部の違いを除く大きな観点で振り返ってみたいと思います。

●活断層のリスク評価ができるかどうか

有識者の意見が最も分かれた質問は「活断層のずれや活動時期を評価できるのか？」だったかと思います。リスク評価とは、リスク工学として工学分野で発達してきた学問です。そのため、特に工学を専門とする有識者は「リスク評価は必要」と考えています。また地形学や地質学を専門とする有識者の中にも、「必要」であるし「（リスク評価ができるくらい）分かってきている」と考える方もいます。一方でリスク評価が難しいと考える有識者もおり、特に「断層の動く確率とずれの量を評価することは不可能だ」と考えている有識者もいます。断層が動く確率とずれの量には不確定要素が非常に多いことを、工学分野の有識者も指摘しています。

そもそも活断層のリスク評価とは、断層が動く確率とずれの量の評価だけでなく、原子力発電所がもたらす利益と、活断層が動いた場合に必要とされる対策や対応に関わる損失も考慮するものです。

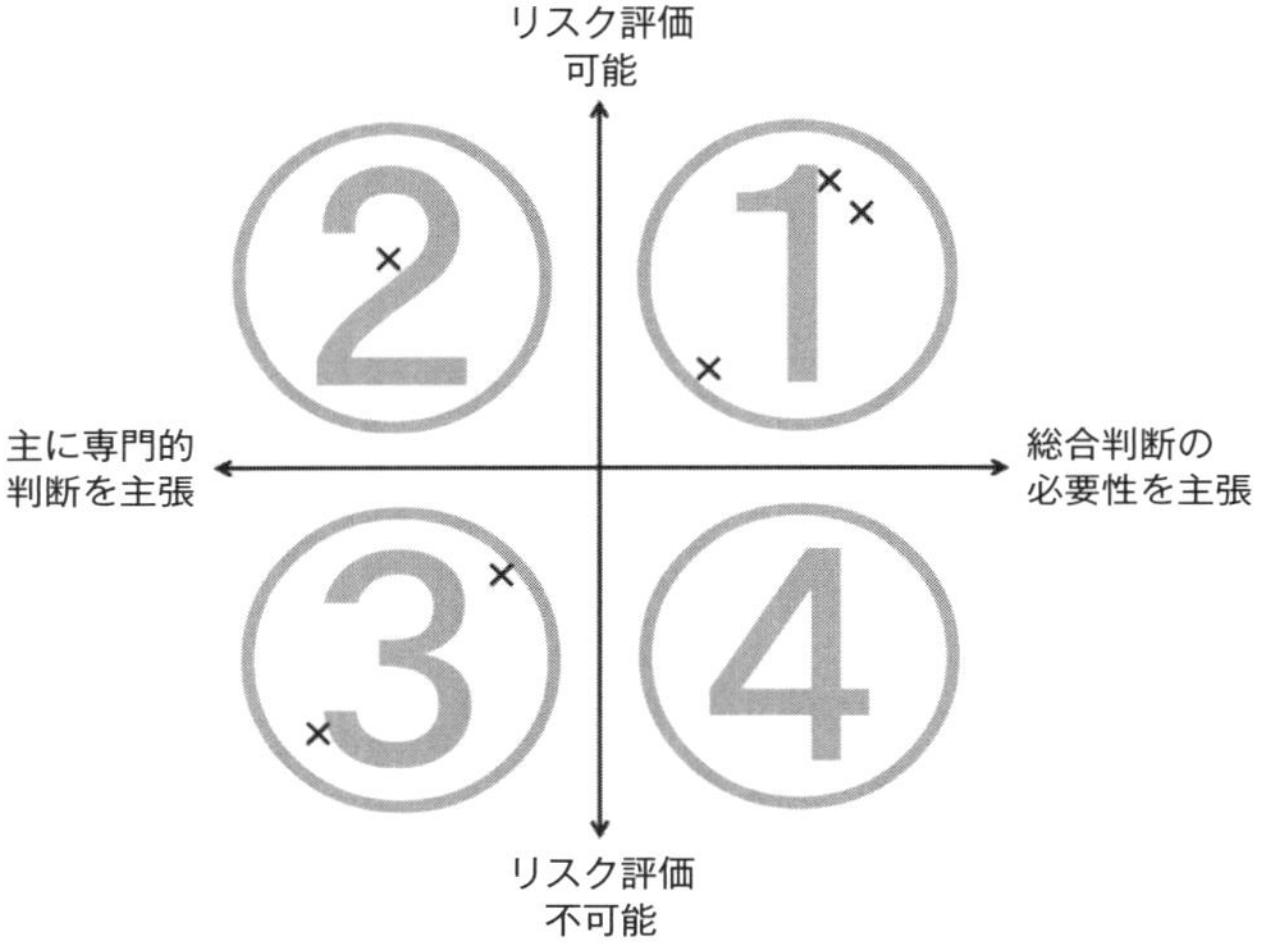

図 48 リスク評価と専門的・総合的判断を軸にした分類
×印は委員会で判断した有識者の位置を示している。

このようなリスク評価によって、各地域の原子力施設が活断層に弱いのか、あるいは津波に弱いのかなど、個々の原子力施設の弱点が分かると指摘する有識者もいます。しかしながら、リスク評価が、電力側サイドによって偏った使われ方をしてきたと考える有識者もおり、リスク評価の手法に不信があるようです。有識者に限らず、一般の間でも、リスク評価の結果にどれくらいの信頼性があるのか、懐疑的な方も多いようです。

リスク評価が必要あるいは可能と考えている有識者は、断層の認定といった地形学や地質学などの専門的判断を活かしたうえで、原子力発電所による便益や対策・対応に関わる損失も含めた、総合的判断の必要性を主張する方が多いようです。我々の日常生活は現在、電力に支えられていると言っても過言ではありません。お手持ちのスマートフォンも携帯電話も、電力で充電しないと利用できません。実はこの原稿を書いているパソコンも、電力で動く道具です。リスク評価は、この便益も考えることになります。

ところで地形学や地質学などの専門的判断を主張される有識者の中には、活断層に関する有識者として学会から推薦された専門家もいます。そのため、専門的主張だけに発言を限定している方もみえるかも知れません。図48に示すのは、先のリスク評価の可否を縦軸にして、専門・総合的判断を横軸に示した図となります。算数や数学で使うx軸、y軸と同じようなもので、①〜④の四つの象限に分離することができます。今回インタビューを実施した被験者は、①と③に属する方が多いようです。これはリスク評価ができるし総合評価が必要という見解と、リスク評価はできないし総合評価は不要という見解です。後者は活断層があれば、原発立地は不可能という見解でしょう。また②に属する方もいるようです。専門的な判断で、リスク評価が可能という見解です。

地形学・地質学・地震工学・原子力工学・地盤工学など、理学や工学の知識を融合し、皆で考えていくのが最善の策なのでしょう。しかし世間にはさまざまなお考えを持った方がみえます。これは専門家や学問の世界でも同じことなのでしょう。しかし結局は誰が判断を下して、誰が責任を持って、原子力施設の是非を決めていくのでしょうか？　電力会社なのか、原子力規制庁なのか、あるいは政府など国の機関なのでしょうか。最後にそれを決めるのは、選挙権をもっている国民の皆様かも知れません。

●今後も活動する可能性がある活断層かどうかの認定

活断層の定義や認定についてもいくつかの回答をいただけました。活断層の定義については、改定指針や手引きの策定時に議論されて整理されています。これを要約すれば、過去に動いた証拠があり、将来的にも動く可能性がある断層となります。活火山と同様、活きている断層ということです。このような定義があっても、実際の活断層の認定については、電力会社と専門家で意見が分かれることや、専門家同士でも意見が分かれることは、一般読者にも分かりにくいところです。

中国電力の島根原子力発電所については、敷地の近くに存在する活断層である宍道断層に関して電力側の評価が間違っていました。他地域の原子力発電所においても、同じような状況であることを指摘されている有識者もいます。先に説明したリスク評価においても、電力側サイドによって偏った使われ方をしてきたことを指摘しています。耐震指針の改定などにより、審査は良くなったと感じている有識者がいる反面、電力側への不信感を未だにぬぐえない有識者もいます。通常の人間同士の関係においても、一度落とした信用を回復することは容易なことではありません。認定を考える以前に、原子力に関わる人々の間の信頼感、さらには原子力に関わる業界とそれ以外の人々の間の信頼感を醸成することは重要な課題であるかもしれません。

有識者の間でも、原子力発電所の真下に存在する断層が活断層であるかどうか、意見が分かれることは事実です。その原因として、決定的なデータ、すなわち証拠が得られにくいことを指摘する有識者がいます。野外調査を経験した方でしたら、自然現象を調査する難しさをご存知かと思います。証拠が得られにくいからこそ、確率や不確実性を扱うリスク評価が必要である、という考え方があります。一方、確率評価が難しいために、リスク評価も難しいという考え方もあります。

研究者の考え方の違いが認定そのものを難しくしていることは事実です。この点を憂いている有識者がいます。しかし研究者同士がきちんと議論すれば、ほぼ一致した結論を導けることも指摘しています。さらにこれらを、医学に例えている有識者もみえます。活断層調査を実際に行うのは、地質調査業者登録をしている事業者、通称「地質コンサルタント業者」です。この地質コンサルタント業者は、地球のお医者さんといった例えをすることもあります。また理学と工学という区分は、例えば医学の中での「基礎医学」と「臨床医学」と呼ばれることがあります。そこで最後に、医学分野に例えて、この章をまとめてみたいと思います。

●活断層の評価を病気の診断に例えてみると

専門家の間の活断層の認定の違いは、二人のお医者さんが同じ患者さんをみて全く異なる診断をしている状況と同じと考えることができます。活断層の挙動の予測は、患者の余命を判断することに似ているかもしれません。活断層を患者に見立てるのは、あまり良くないかもしれませんが、医学分野に例える以上、仕方ありません。血液検査、CT検査、MRI検査など、さまざまな検査ができれば、医学分野で診断が大きく異なることは稀かもしれません。それでも、症例の少ない病気では診断が分かれることもあります。また、第2章で紹介された物理探査にはいろいろな方法がありますが、これは医学のCTやMRI検査に似た技術です。活断層の調査にも最先端の科学技術が使われているのですが、このような科学技術にも限界があります。地盤・岩盤を掘り起こすトレンチ調査も実施します。医学で言えば開腹して病気を直接調べるような手法です。このトレンチ調査にも位置選定や試料採取等の難しさがあり、結論が出ないこともあります。

地震に比べても症例が極めて少なく、先端科学技術の適用も難しいため、「活断層は未解明の難病」であることは確かなようです。専門家の判断が食い違うことは無理からぬことかもしれません。活断層研究は、『日本の活断層』などの編纂を通して、ここ四十年の間に進歩してきた学問であることを説明している有識者もいますが、まだまだ途上の学問であることは間違いないでしょう。

ところで活断層を病気に例えた場合、発病（地震が起こったり、地表がずれること）の可能性が低いことは事実です。第1章に説明があるように、内陸地殻内地震の発生頻度は同じ場所で千年から数千年に一回と言われています。この発生頻度についても、専門家によって見解が異なります。もちろん医学分野でも百パーセントの確率での判断はありません。判断が分かれる場合、少しでも正しい対応を行うことが重要です。活断層の場合でも、判断が分かれることを認めたうえで、何が最も正しい対応であるかは合意できるようになることが必要なのかもしれません。

最後になりますが、医学分野の例えに因んで、最近の出来事について紹介します。家庭の例えで申し訳ありませんが、子供が歯科矯正の治療を受けました。受け口といって下顎の方が少し前に出ており、また歯並びも悪いので、歯科医師さんから治療を勧められました。しかし歯科矯正の治療は自費治療で決して安いものではありませんし、かといって治療を受けなかった場合には、成人したときの歯の状態を含めていろいろ心配することがでてきます。治療を受けた場合のコストと、治療を受けなかった場合の将来の心配と両面から検討して、歯科矯正の治療を受けることにしました。前述の総合的判断を実施した結果のようなものです。最初はマウスピースなど装置の取り付けに慣れないところもあったようですが、二年程度でよくなりました。医学分野は検査方法が確立されているだけでなく、治療費も含めたリスク評価をしたうえでの総合的な判断がしやすい部分があるようです。

ところで「将来の心配」とは何だと思いますか？　インタビューの話に戻りますが、有識者の中には「国全体のエネルギーで、原発をいつまで使うのか議論することが必要」と指摘する方もいらっしゃいます。将来も見据えた全体の議論を踏まえたうえで検討するのが、本当のリスク評価であり、それを踏まえた総合的判断なのでしょう。

将来展望／おわりに

地震による地面の揺れや津波に対しては、安全・安心な社会を実現するために建築物や構造物に係るリスク対応として建築基準法や各種の設計基準類が整備されています。しかし、断層のずれに対しては、どう取り組むべきかということについてリスク対応の方針が定まっていません。第6章のインタビューを読んでいただくと分かるように、特に原子力施設について理学と工学のさまざまな専門分野の有識者の間に多様な考え方や見解があります。断層のずれにも適切にリスク対応すべきであるということは、何も原子力施設に限ったことではありません。鉄道や道路のような線状インフラ構造物は、利便性を考えると活断層を避けた迂回ルートを選ぶことができない場合もありますが、リスク対応や設計の考え方が未だに確立していません。

社会の安全・安心をより一層向上するためには、地面の揺れや津波に対するのと同じように、断層のずれに対してもリスク対応や設計の考え方をきちんと確立する必要があります。そのためには、まず、「断層問題にどう取り組むべきか」というテーマについて明確な方針を持たなければなりません。そして、その方針を実現するために「リスク対応や対策の考え方はどうあるべきか」「確率やリスクはどのように考えるべきか」というテーマについてきちんと整理をする必要があります。さらに今後、リスク対応や設計の考え方を確立して、さまざまな施設の安全性評価を合理的かつ適確に進めるために「理学と工学の融合はどのように進めるべきか」というテーマについても検討する必要があります。一般にこれらの作業はリスク工学や土木・建築工学を専門とするエンジニアが担ってきましたが、断層変位ハザードの発生が極めて稀で情報量が少な過ぎるので、活断層に取り組む理学研究者の役割がより重要になるからです。

以下は、これらの四つのテーマについて、本書の企画・編集に携わった断層問題に関する理工学合同委員会のメンバー六名が議論して将来展望としてとりまとめたものです。

●断層問題にどう取り組むべきか

断層のずれによる災害は、より頻繁に発生する地震動、津波・高潮、豪雨などによる災害に比べて顕著な事例が希少だったことから、これまであまり注目されませんでした。ところが、一九九九年に発生した集集地震（台湾）やイズミット地震（トルコ）以降、マグニチュードが7を超えるような大地震が内陸で発生すると明瞭な地震断層が地表に現れて、大きな断層のずれをまともに受けた無対策の建築物や構造物に甚大な被害が発生する事例が増えています。

しかし、我が国の狭い国土には二千を超える活断層が分布しているので、断層のずれが怖いからといってそのすべてを避けていては我々の文明社会は成り立ちません。断層問題についても、我々の生活や安全を脅かすさまざまなハザード（地震、台風、火山、隕石、事故、テロ攻撃など）に対すると同じようにリスク管理をする必要があります。すなわち断層のずれに係るリスク特性と施設によって得られる便益を考慮して、全体のリスクを合理的に下げられる適切な対応を総合的に判断する、という原則に従って取り組むべきでしょう。

リスク管理の方針は、施設の重要度と断層の危険性によって大まかに分類することができます。重要度が低い建築物などについては、被災が稀で対策の費用対効果も低いので特に対策を講じる必要はないでしょう。つまりリスクを保有するという対応が合理的です。

しかし、重要度が高い建築物や構造物については、被災の影響が大きいと懸念される場合、つまり危険性が高い活断層については、そのリスクをきちんと評価して適切なリスク対応を採ることを原則とするべきでしょう。具体的には、リスク回避のための代替地の検討や、リスク低減や移転のための各種の対策の実施です。影響を受ける範囲は活断層沿いに限られており、調査をすれば把握することができますし、断層の動きおよび施設の特性に応じて適切な対策を講じれば損傷を軽減し防ぐ減災・防災技術も開発されています。

一方、危険性が低い活断層や動くかどうか調査してもよく分からないような断層については、ずれの発生が極めて稀ですし、ずれ量も小さいのでリスクは大きくありません。発生の確率が同様に極めて低いほかの自然災害ハザード（火山噴火、隕石落下など）や人為的ハザード（テロ攻撃、航空機落下など）と比較して、十分にリスクが小さければ特に対策は講じずにリスクを保有するという対応が考えられます。しかし、原子力発電所のように重要度が特に高い場合には、ハザードの評価に係る不確かさが非常に大きいことを考慮する必要があります。さまざまな事態を想定して、多重防護やフェールセーフ設計の考え方に基づいて断層がずれたときの影響を抑えてリスクの低減を図る努力が望まれます。

繰り返しになりますが、施設の利便性と構造特性や重要度、対策のコストと効果などを考慮して、総合的な判断を下すというリスク管理の原則に従うことが大事です。

●リスク対応や対策の考え方はどうあるべきか

リスク対応の基本的な考え方は前述の通りで、断層のずれに係るリスク特性と施設によって得られる便益を考慮して、全体のリスクを合理的に下げられる適切な対応を総合的に判断します。ここで「施設によって得られる便益を考慮して」とは、「費用対効果を考慮して」に言い換えると分かりやすいでしょう。

この考え方に従うと、新たに建設しようとする施設とすでに建設されている施設では対応が異なることが理解できます。新設の場合には、低コストでリスクを回避することができるので、断層のずれの影響が及ばない場所に代替地を求めることが最も合理的です。しかし既設の場合には、建て替えのコストが大きいので、慎重に対応を検討する必要があります。リスクの低減や移転のための各種の対策についても、かかるコストと得られる効果を比較して最も有利な方法を選択することになります。活動度が非常に低いならば、施設の供用期間内に断層が動く可能性がほとんどなく動いても被害が些少であると判断できるならば、対策を講じない（リスクの保有）ということも合理的な判断です。また逆に活動度が高く断層のずれの発生時に被るであろう被害が甚大であり、かつ効果的な対策を採ることができないならば、その施設の供用を速やかに停止して解体・撤去すること（リスクの回避）が賢明な判断となるでしょう。

対策の基本的な考え方は、①施設の重要度、性能、構造特性、対策にかかるコストと得られる効果などを総合的に判断すること、②損傷を軽減・防止（リスクを低減）したり被災の影響を緩和（リスクを移転）するための各種の対策の中から適切なものを選択して組合せること、③多重防護やフェールセーフ設計の考え方に基づくこと、の三点です。①の考え方は、断層のずれに限ったことではなく、あらゆるハザードの対策に共通の原則です。②の各種の対策の分類や概念については第5章の第3節に説明しましたが、具体的な設計方法や性能の検証などについては今後さらなる技術開発が必要でしょう。一方③の趣旨は、断層がどれくらいずれるのかについて不確かさが大きいことから、設計での想定を超える万が一の事態に備える必要があるということです。断層が大きくずれても損傷を全く受けない完璧で経済的な対策は技術的に容易ではないので、ある程度の限定的な損傷は容認するという考え方も必要でしょう。被災の影響を合理的に可能な限り抑えるために、大災害に発展する可能性の排除と被災による影響を緩和するための効果的なアクシデントマネジメント（危機対応）、速やかな復旧のための方策などを組み合わせてリスク全体を最小化するリスクマネジメントなどが最後の砦として重要です。

●確率やリスクはどのように考えるべきか

活動度が高い活断層であれば、動く確率やずれ量をある程度の確からしさで推測できるのでリスク評価は可能である、ということについては専門家の間で意見はほぼ一致していると思われます。一方、活動度が低い活断層や動くかどうかについて専門家の間でも意見が割れるような断層については、情報量や知見が乏しく、調査をしてもよく分からないので、ハザードの不確かさが著しくてリスク評価はできないと主張する人がいます。しかし、不確かさが大きいこと自体は、リスクが評価できる・できないとは関係がありません。地震が発生する時期や断層が動く確率の予測は難しくても、動く場所とずれの方向や大きさの概略値や起こり得る最大値を予測することができればリスクの評価は可能です。たとえ情報量が少なくても、不確かさを考慮したリスクの客観的な評価手法は確立しているからです。

さらに、確率論的なリスク評価を厳密に実施することはできなくても、さまざまなリスク情報を積極的に活用することには大きなメリットがあります。ほかの自然災害ハザード（地震動、津波・高潮、豪雨、竜巻、火山噴火、隕石落下など）によるリスクと比較することによって、各ハザードに対する適切なリスク対応を総合的に判断し、全体のリスクを低減するための方策を合理的に決定することができるからです。また、将来的には、断層の動きを再現する数値シミュレーションの結果を活用することによって、観測データが得られなくても発生確率や動く大きさに係る不確かさを低減することが可能になりリスク評価の精度が向上すると期待されます。

●理学と工学の融合はどのように進めるべきか

活断層に関わる理学研究者の主な役割は、断層が動く可能性あるいは確率とそのずれの大きさを明らかにするハザードに関する研究と専門的な知識の提供です。一方、実社会に関わる工学技術者の役割は、断層変位ハザードが施設に与える影響の大きさを明らかにするリスク評価、リスクの低減や移転のための対策の検討です。それぞれが専門性を発揮して責任を持って対処するという分業化のメリットは各作業の効率化と高精度化ですが、専門以外のことへの意識が低下することと全体の最適化が疎かになることがデメリットです。専門分野が細分化した現代において、リスク管理に係る不確かさの全体を俯瞰して総合的な判断を代表となる一人の専門家に委ねて、その責任を持ってもらうことは困難でしょう。さらに、地形学・地質学・地震工学・土木工学・建築工学・原子力工学など理学と工学の知識を体系化して活断層学という学問分野を新たに創造することも、理・工学の両分野で関心や興味が異なるので容易ではないでしょう。

このような分業化と専門化のデメリットを解消して適切に総合的な判断をするためには、関連する理学と工学の専門家が協調的対話を通じて相互の学問分野に対する理解を深め、施設の安全性という観点から協働して総合的に判断をする必要があるでしょう。そして、このような協働作業に対して連帯して責任を持つような仕組みが望まれます。

●おわりに

二〇一一年の東日本大震災の発生後、特に原子力発電所の安全性に関連して断層のずれをめぐる議論が社会の注目を集めているなかで、二〇一四年四月に「断層問題に関する理工学合同委員会」が設立されました。委員会の名称に「理工学合同」が入っていることから分かるように、活断層に関わる理学と工学の研究者・技術者が、視野を広げてそれぞれの関心や意見の違いを理解したうえで、専門分野の枠を越えて協力し、前向きのメッセージを提示することを意図しました。本書の内容が多少でも一般読者の方々に、広い視野から活断層問題についてご理解をいただくためのお役に立つことを願っています。

参考文献

歌代勤・清水大吉郎・高橋正夫『地学の語源を探る』東京書籍、一九七八年
活断層研究会『新編日本の活断層―分布図と資料』東京大学出版会、一九九一年
蟹沢聡史『文学を旅する地質学』古今書院、二〇〇七年
原子力安全委員会『発電用原子炉施設に関する耐震設計審査指針（平成十六年九月十九日）』二〇〇六年
鈴木康弘『原発と活断層―「想定外」は許されない』岩波書店、二〇一三年
常田賢一・片岡正次郎『活断層とどう向き合うのか』理工図書、二〇一二年
松田時彦『活断層』岩波新書、一九九五年

活断層が分かる本

定価はカバーに表示してあります。

2016年9月1日　1版1刷発行　　ISBN978-4-7655-1839-0 C3051

監修者　國生剛治
　　　　大塚康範
　　　　堀　宗朗
編　者　公益社団法人
　　　　地盤工学会
　　　　一般社団法人
　　　　日本応用地質学会
　　　　公益社団法人
　　　　日本地震工学会
発行者　長　滋彦
発行所　技報堂出版株式会社
〒101-0051　東京都千代田区神田神保町1-2-5
電　話　営　業（03）（5217）0885
　　　　編　集（03）（5217）0881
　　　　F A X（03）（5217）0886
振替口座　00140-4-10
U R L　http://gihodobooks.jp/

日本書籍出版協会会員
自然科学書協会会員
土木・建築書協会会員

Printed in Japan

装丁：田中邦直　印刷・製本：愛甲社